高职高专系列教材

化工单元仿真与单元操作实训

（第二版）

王　宏　李　薇　主编

中国石化出版社

内 容 提 要

本书内容分为两部分：第一部分利用北京东方仿真软件公司的化工单元仿真软件，对学生进行化工基本单元的 DCS 仿真操作技能训练；第二部分利用化工单元实验设备，对学生进行化工基本单元设备的实际操作技能训练。通过计算机仿真操作与真实设备操作的多角度的操作技能训练，以期使学生熟练掌握化工基本单元设备的开车、停车、控制调节以及处理常见事故能力，培养学生的化工职业基本技能。

本书适用于从事石油化工生产、石油化工科研工作的实验人员以及石油化工类大专院校相关专业的师生使用。

图书在版编目(CIP)数据

化工单元仿真与单元操作实训／王宏，李薇主编．
—2版．—北京：中国石化出版社，2013.2(2025.8重印)
高职高专系列教材
ISBN 978-7-5114-1895-1

Ⅰ．①化…　Ⅱ．①王…　②李…　Ⅲ．①化工单元操作-高等职业教育-教材　Ⅳ．①TQ02

中国版本图书馆 CIP 数据核字(2012)第 292627 号

中国石化出版社出版发行

地址：北京市东城区安定门外大街 58 号
邮编：100011　电话：(010)57512500
发行部电话：(010)57512575
http://www.sinopec-press.com
E-mail:press@sinopec.com
北京科信印刷有限公司印刷
全国各地新华书店经销

*

787×1092 毫米 16 开本 11 印张 296 千字
2025 年 8 月第 2 版第 6 次印刷
定价：28.00 元

前　言

中国石化出版社2007年8月出版了《化工单元仿真与单元操作实训》(第一版)教材，该书由兰州石化职业技术学院的王宏、李薇主编。出版以来，在化工基本单元过程的操作技能培训中，该书在各职业院校教学及企业培训中被广泛使用。

五年来，随着职业院校教学改革的推进，课程建设的深入，化工单元过程操作技能的培训一直是化工类职业院校学生职业核心能力培养的重点，化工企业员工岗位技能培训的基本组成部分，受到广泛的关注。为了满足职业技能培训的需要，化工单元仿真软件的内容和功能在不断更新完善；化工单元实验设备也从原来单纯的理论验证型实验设备向技能培训型综合实训装置拓展。为了适应教学发展需求，我们组织编写了《化工单元仿真与单元操作实训》(第二版)，本书仍将仿真操作与单元设备操作作为化工单元过程技能培训的核心，力求通过真实设备的操作，实现学生对单元过程的感性认知学习，利用DCS模拟控制使学生掌握设备生产过程的操作流程，虚实结合，突出技能培训。

本书共分为三章，第一章主要介绍化工单元仿真软件的功能与使用方法，第二章主要介绍离心泵、换热器、加热炉、压缩机等12个典型化工仿真培训单元的操作要点，第三章主要介绍离心泵、换热器、精馏塔等8个化工单元操作实训项目。

本书由兰州石化职业技术学院王宏编写第一章和第二章，李薇编写第三章。编写过程中得到兰州石化职业技术学院孟宁、高永利、王舜平老师的大力支持，北京东方仿真软件技术有限公司提供了部分插图，在此一并表示衷心的感谢。

由于编者水平有限，错漏之处在所难免，恳请广大读者批评指正。

编者

目　　录

第一章　单元仿真基础知识

第一节　概　　述

仿真是对代替真实物体或系统的模型进行实验和研究的一门应用技术科学，按所用模型分为物理仿真和数字仿真两类。物理仿真是以真实物体或系统，按一定比例或规律进行微缩或放大后的物理模型为实验对象，如飞机研制过程中的风洞实验。数字仿真是以真实物体或系统规律为依据，建立数学模型后在仿真机上进行的研究。与物理仿真相比，数字仿真具有更大的灵活性，能对截然不同的动态特性模型做实验研究，为真实物体或系统的分析和设计提供了十分有效而且经济的手段。

过程系统仿真是指过程系统的数字仿真，它要求描述过程系统动态特性的数学模型，能在仿真机上再实现该过程系统的实时特性，以达到在该仿真系统上进行实验研究的目的。过程系统仿真由三个主要部分组成，即过程系统、数学模型和仿真机。这三部分由建模和仿真两个关系联系在一起。

过程系统 $\xrightarrow{\text{建模}}$ 数学模型 $\xrightarrow{\text{仿真}}$ 仿真机

过程系统仿真技术的工业应用大约始于20世纪60年代，并于20世纪80年代中期随着计算机技术的快速发展和广泛普及取得很大进展。过程系统仿真技术在工业领域中的应用已涉及辅助培训与教育、辅助设计、辅助生产和辅助研究等方面，其社会经济效益日趋显著。

采用过程系统仿真技术辅助培训，就是用仿真机运行数学模型建造的一个与真实系统相似的操作控制系统(如模拟仪表盘、仿DCS操作站等)，模拟真实的生产装置，再现真实生产过程(或装置)的实时动态特性，使学员可以得到非常逼真的操作环境，进而取得非常好的操作技能训练效果。

近年来，过程系统仿真技术在操作技能培训方面的应用在世界许多国家得到普及。大量统计结果表明，这种仿真培训系统能逼真地模拟工厂开车、停车、正常运行和各种事故状态的现象。它没有危险性，节省培训费用，可以使学员在数周内取得现场2~5年的经验，大大缩短了培训时间。

化工仿真培训系统是过程系统仿真应用的一个重要分支，主要用于化工生产装置操作人员的操作方法和操作技能培训，是一种为绝大多数化工企业和职教部门认同的、先进的、高效的现代化培训手段。

第二节　仿真培训系统学员站的使用方法

一、程序启动

学员站软件安装完毕之后，软件自动在“桌面”和“开始菜单”生成快捷图标。

1. 学员站启动方式

软件启动有两种方式：

(1) 双击桌面快捷图标“CSTS2007”：

（2）通过“开始菜单→所有程序→东方仿真→化工单元操作”启动软件。

软件启动之后弹出运行界面（如图 1-1 所示）。

图 1-1　系统启动界面

2. 运行方式选择

系统启动界面出现之后会出现主界面（如图 1-2 所示），输入“姓名、学号、机器号”，设置正确的教师指令站地址（教师站 IP 或者教师机计算机名），同时根据教师要求选择“单机练习”或者“局域网模式”，进入软件操作界面。

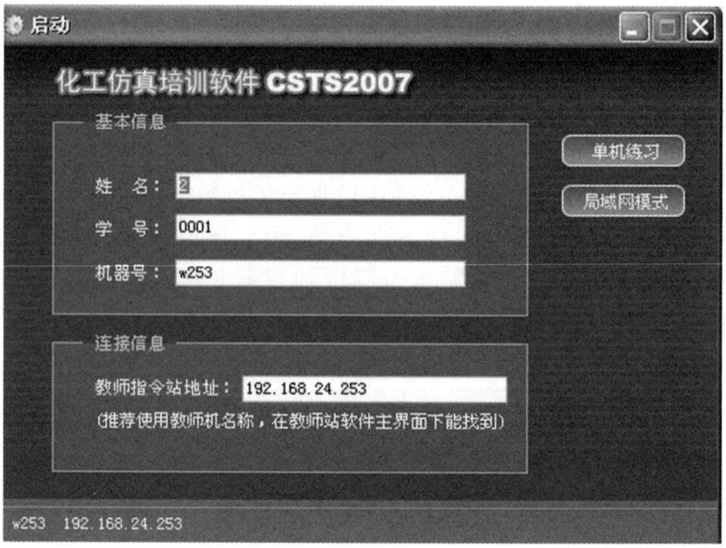

图 1-2　PISP.net 主界面

【单机练习】是指学生站不连接教师机，独立运行，不受教师站软件的监控。

【局域网模式】是指学生站与教师站连接，老师可以通过教师站软件实时监控学员的成绩，规定学生的培训内容，组织考试，汇总学生成绩等。

3. 工艺选择

选择软件运行模式之后，进入软件“培训参数选择”页面（图 1-3）。

【启动项目】按钮的作用是在设置好培训项目和 DCS 风格后启动软件，进入软件操作界面。

【退出】按钮的作用是退出仿真软件。

点击“培训工艺”按钮列出所有的培训单元，根据需要选择相应的培训单元。

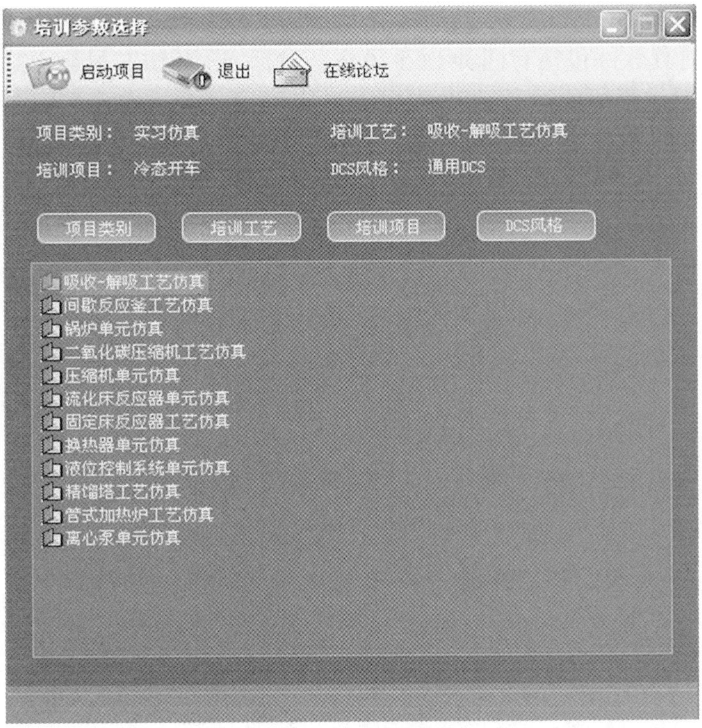

图 1-3　工艺选择

4. 培训项目选择

选择“培训工艺”后，进入“培训项目”列表里面选择所要运行的项目，如冷态开车、正常停车、事故处理。每个培训单元包括多个培训项目(图 1-4)。

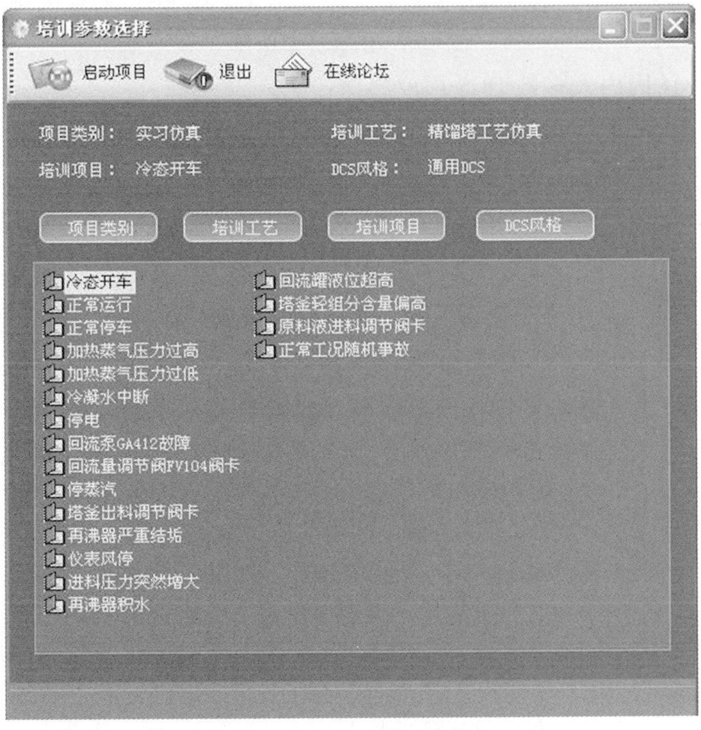

图 1-4　培训项目选择

5. DCS 类型选择

ESST 提供的仿真软件包括有四种 DCS 风格，包括“通用 DCS 风格、TDC3000、IA 系统、CS3000”。根据需要选择所要运行 DCS 类型，单击确定，然后单击“启动项目”进入仿真软件操作画面(图 1-5)。

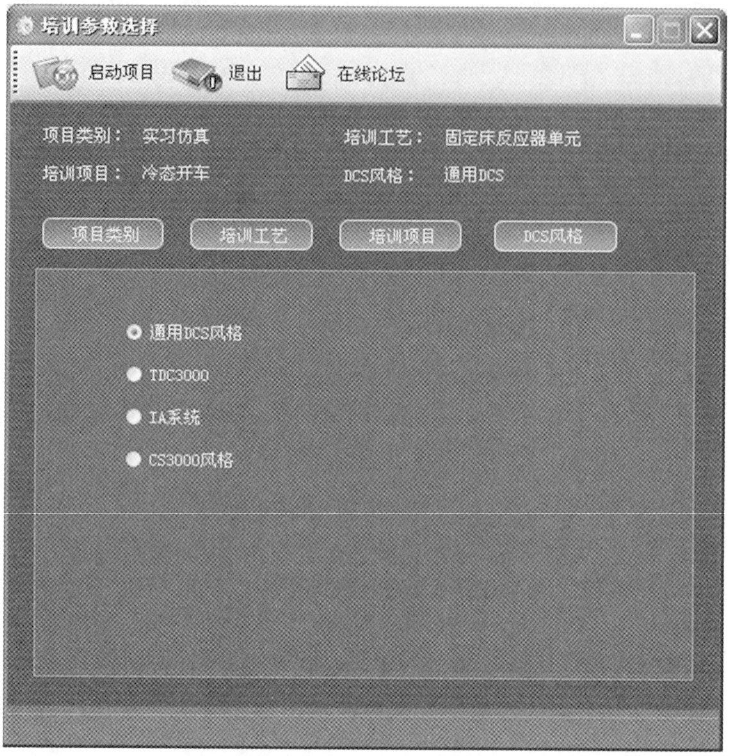

图 1-5　DCS 类型选择

【通用 DCS】：仿国内大多数 DCS 厂商界面；
【TDC3000】：仿美国 Honywell 公司的操作界面；
【IA 系统】：仿 Foxboro 公司的操作界面；
【CS3000】：仿日本横河公司的操作界面。

二、程序主界面

1. 菜单介绍

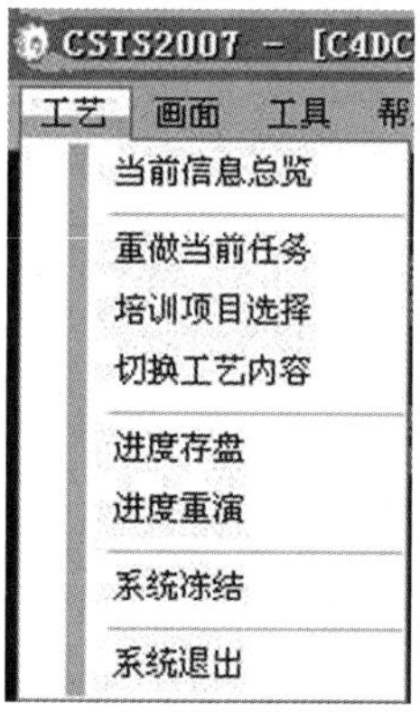

图 1-6　工艺菜单

(1) 工艺菜单：仿真系统启动之后，启动两个窗口，一个是流程图操作窗口，一个是智能评价系统。首先进入流程图操作窗口，进行软件操作。在流程图操作界面的上部是“菜单栏”，下部是“功能按钮栏”(图 1-6)。

“工艺”菜单包括当前信息总览，重做当前任务，培训项目选择，切换工艺内容，进度存盘，进度重演，冻结/解冻，系统退出。

【当前信息总览】：显示当前培训内容的信息(图 1-7)。
【重做当前任务】：系统进行初始化，重新启动当前培训项目。
【切换工艺内容】：退出当前培训项目，重新选择培训工艺。
【培训项目选择】：退出当前培训项目，重新选择培训工艺。

【进度存盘】：进度存档,保存当前数据,以便下次调用时可直接进入当前工艺状态(图 1-8)。

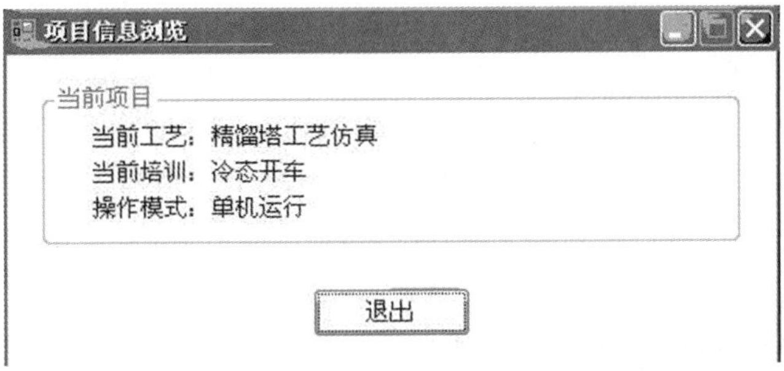

图 1-7　信息总览

图 1-8　保存快门

【进度重演】：读取所保存的快门文件(＊. sav)，恢复以前所存储的工艺状态。

【冻结/解冻】：类似于暂停键。系统“冻结”后，DCS 软件不接受任何操作，后台的数学模型也停止运算。

【系统退出】：退出仿真系统(图 1-9)。

(2) 画面菜单：“画面”菜单包括程序中的所有画面进行切换，有流程图画面、控制组画面、趋势画面、报警画面、辅助画面。选择菜单项(或按相应的快捷键)可以切换到相应的画面(图 1-10)。

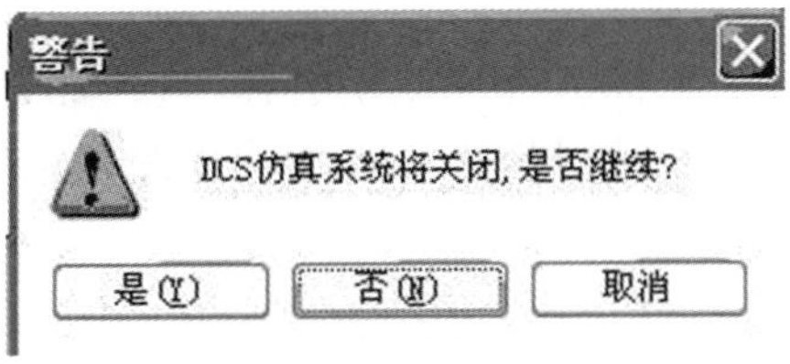

图 1-9　退出仿真系统界面

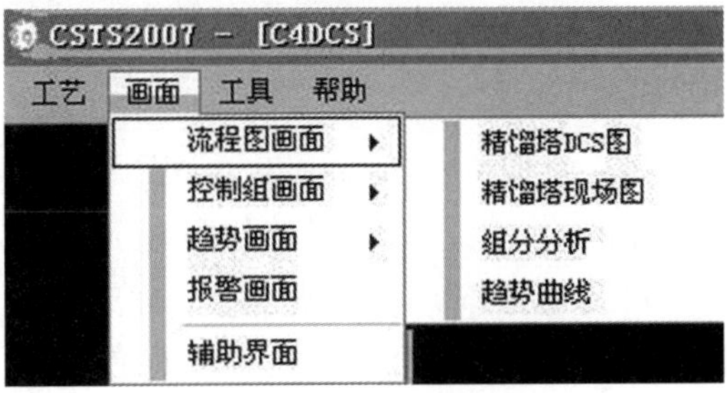

图 1-10　画面菜单

【流程图画面】：用于各个 DCS 图和现场图的切换。

【控制组画面】：把各个控制点集中在一个画面，便于工艺控制。

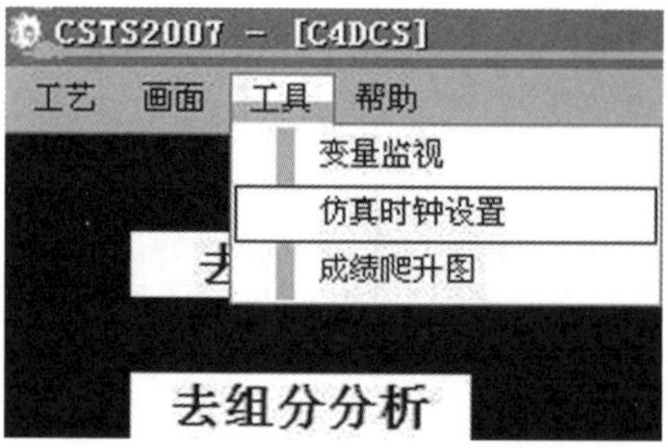

图 1-11　工具菜单

【趋势画面】：保存各个工艺控制点的历史数据。

【报警画面】：将出现报警的控制点集中在同一个界面。一般情况下，在冷态开车过程中容易出现低报，此时可以不予理睬。

(3) 工具菜单(图 1-11)：工具菜单可以用来对变量监视、仿真时钟进行设置。

【变量监视】：监视变量。可实时监视变量的当前值，察看变量所对应的流程图中的数据点以及对数据点的描述和数据点的上下限(图 1-12)。

ID	点名	描述	当前点值	当前变量值	点值上限	点值下限
1	P3	DISD	0.000000	0.000000	8.500000	0.000000
2	P5	DISF	0.000000	0.000000	10.000000	0.000000
3	HX1	DISB	0.000000	0.000000	100.000000	0.000000
4	HX2	FA-408	0.000000	0.000000	100.000000	0.000000
5	HX3	FA-414	0.000000	0.000000	100.000000	0.000000
6	TX3	DISD	25.000000	25.000000	100.000000	25.000000
7	TX27	DISB	25.000000	25.000000	200.000000	25.000000
8	TX10	FA-408	25.000000	25.000000	100.000000	0.000000
9	TX31	DISF	25.000000	25.000000	100.000000	0.000000
10	TI101	FA-408	25.000000	25.000000	100.000000	0.000000
11	TI102	BOTTOMS TEMPERATURE	25.000000	25.000000	200.000000	25.000000
12	TI103	FEED TEMPERATURE	25.000000	25.000000	100.000000	0.000000
13	TI104	REFLUX TEMPERATURE	25.000000	25.000000	100.000000	0.000000
14	TI105	OVERHEAD TEMPERATURE	25.000000	25.000000	100.000000	0.000000
15	FT101		0.000000	0.000000	28000.000000	0.000000
16	PT101	DISD	0.000000	0.000000	8.500000	0.000000
17	PT102	DISD	0.000000	0.000000	8.500000	0.000000
18	TT101	DISF	25.000000	25.000000	190.000000	25.000000
19	LT101	DISB	0.000000	0.000000	100.000000	0.000000
20	LT102	FA-414	0.000000	0.000000	100.000000	0.000000
21	LT103	FA-408	0.000000	0.000000	100.000000	0.000000
22	FT102	DISB	0.000000	0.000000	14698.000000	0.000000
23	FT103	DISD	0.000000	0.000000	13414.000000	0.000000
24	FT104	DISD	0.000000	0.000000	19000.000000	0.000000
25	XFC2	C2C3	0.227700	0.227700	100.000000	0.000000

图 1-12　变量监视界面

【仿真时钟设置】：即时标设置，设置仿真程序运行的时标。选择该项会弹出设置时标对话框(图 1-13)。时标以百分制表示，默认为 100%，选择不同的时标可加快或减慢系统运行的速度。系统运行的速度与时标成正比。

(4) 帮助菜单(图 1-14)：帮助菜单包括帮助主题、产品反馈、关于三个选项。

【帮助主题】：打开仿真系统平台操作手册。

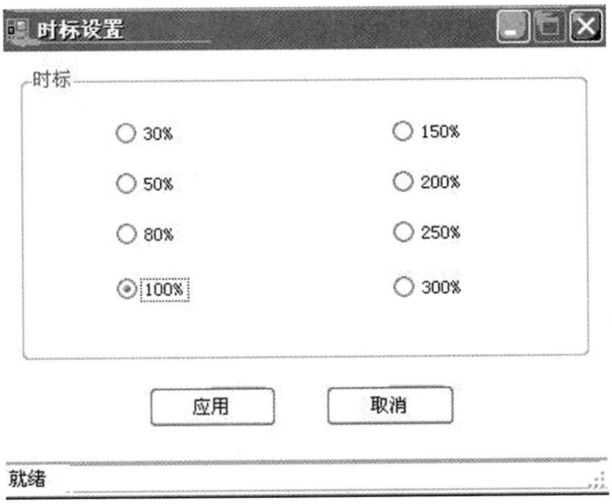

图 1-13　仿真时钟设置窗口

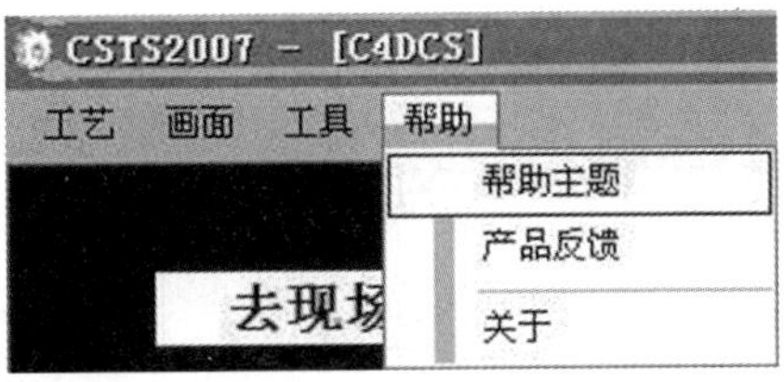

图 1-14　帮助菜单

【产品反馈】：您可以把对我们的产品的一些意见 e-mail 给我们，不管是赞成的还是提出批评的我们都将感谢您对我们产品的关注，并及时修正我们的缺点，给广大用户一个最满意的产品。

【关于】：显示软件的版本信息、用户名称和激活信息(图 1-15)。

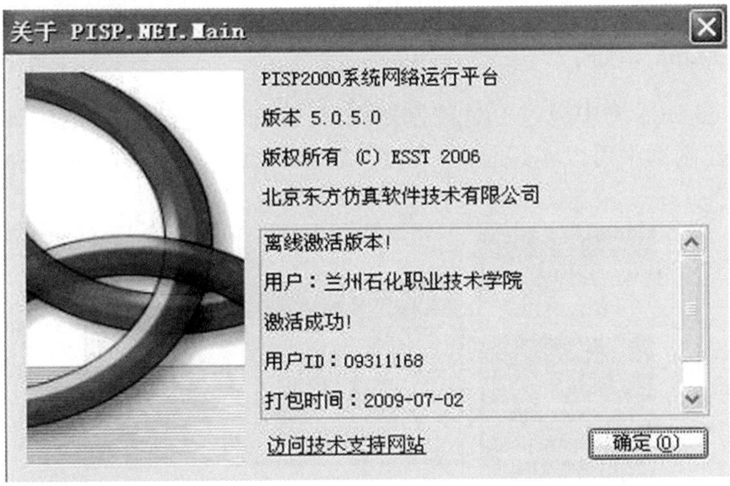

图 1-15　关于内容

2. 画面介绍及操作方式

(1) 流程图画面：流程图画面有 DCS 图和现场图两种。

【DCS 图】：DCS 图画面和工厂 DCS 控制室中的实际操作画面一致。在 DCS 图中显示所有工艺参数，包括温度、压力、流量和液位，同时在 DCS 图中只能操作自控阀门，而不能操作手动阀门。

【现场图】：现场图是仿真软件独有的，是把在现场操作的设备虚拟在一张流程图上。在现场图中只可以操作手动阀门，而不能操作自控阀门。

流程图画面是主要的操作界面，包括流程图、显示区域和可操作区域。在流程图操作画面中当鼠标光标移到可操作的区域上面时会变成一个手的形状，表示可以操作。鼠标单击时会根据所操作的区域，弹出相应的对话框。如点击按钮 TO DCS 可以切换到 DCS 图，但是对于不同风格的操作系统弹出的对话框也不同。

① 通用 DCS 风格：

a. 现场图：现场图中的阀门主要有开关阀和手动调节阀两种，在阀门调节对话框的左上角标有阀门的位号和说明：

【开关阀】：此类阀门只有“开和关”两种状态。直接点击“打开”和“关闭”即可实现阀门的开关闭合(图 1-16)。

【手动操作阀】：此类阀门手动输入 0~100 的数字调节阀门的开度，即可实现阀门开关大小的调节。或者点击“开大和关小”按钮以 5%的进度调节(图 1-17)。

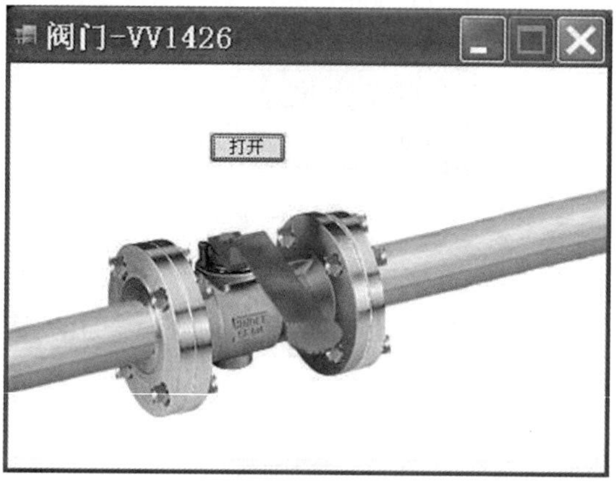

图 1-16　开关阀

图 1-17　手动操作阀

b. DCS 图：在 DCS 图中通过 PID 控制器调整气动阀、电动阀和电磁阀等自动阀门的开关闭合。在 PID 控制器中可以实现自动/AUT、手动/MAN、串级/CAS 三种控制模式的切换(图 1-18)。

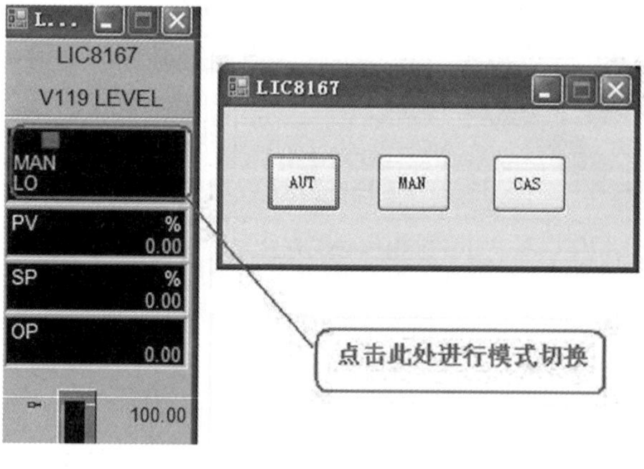

图 1-18　DCS 图

【AUT】：计算机自动控制。

【MAN】：计算机手动控制。

【CAS】：串级控制。两只调节器串联起来工作，其中一个调节器的输出作为另一个调节器的给定值。

【PV 值】：实际测量值。由传感器测得。

【SP 值】：设定值。计算机根据 SP 值和 PV 值之间的偏差，自动调节阀门的开度；在自动/AUT 模式下可以调节此参数(调节方式同 OP 值)。

【OP 值】：计算机手动设定值。输入 0~100 的数据调节阀门的开度；在手动/MAN 模式下调节此参数(图 1-19)。

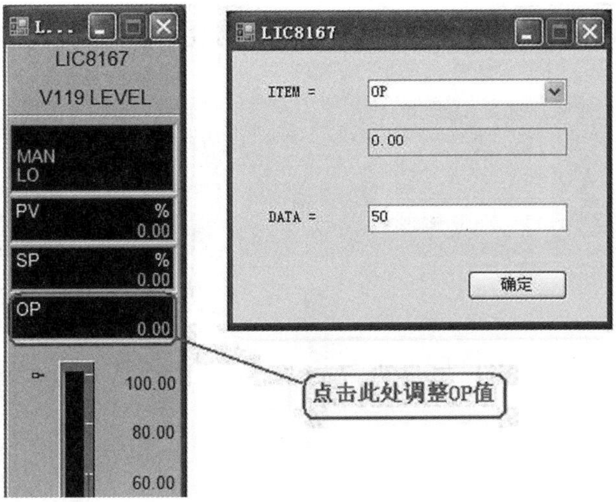

图 1-19　OP 值

② TDC3000 风格：

a. 现场图：对于 TDC3000 风格的流程图现场图中，有如下操作模式。操作区内包括所操作区域的工位号及描述。操作区有下面两种形式(图 1-20、图 1-21)。

图 1-20　操作区(1)

该操作区一般用来设置泵的开关、阀门开关等一些开关形式(即只有是与否两个值)的量。点击“OP”会出现“OFF”和“ON”两个框，执行完开或关的操作后点击“ENTER”，OP 下面会显示操作后的新的信息，点击“CLR” 将会清除操作区。

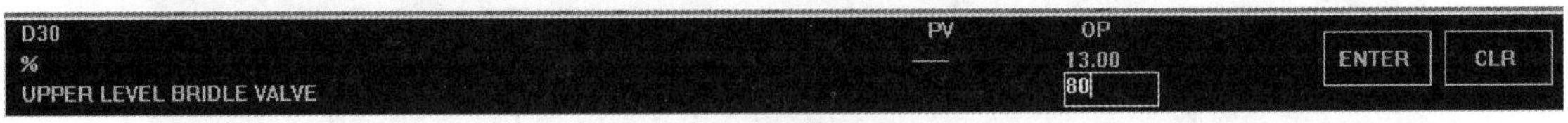

图 1-21　操作区(2)

该操作区一般用来设置阀门开度或其他非开关形式的量。OP 下面显示该变量的当前值。点击“OP”则会出现一个文本框，在下面的文本框内输入想要设置的值，然后按回车键即可完成设置，点击“CLR” 将会清除操作区。

b. DCS 图：在 DCS 图中会出现该操作区，该操作区主要是显示控制回路中所控制的变量参数的测量值(PV)、设定值(SP)、当前输出值(OP)、“手动 MAN”/“自动 AUT/串级 CAS”方式等，可以切换“手动”/“自动/串级”方式，在手动方式下设定输出值等，其操作方式与前面所述的两个操作区相同(图 1-22)。

图 1-22　DCS 图操作区

（2）控制组画面：控制组画面包括流程中所有的控制仪表和显示仪表(图 1-23、图 1-24)，不管是 TDC3000 还是通用的 DCS 都与它们在流程画面里所介绍的功能和操作方式相同。

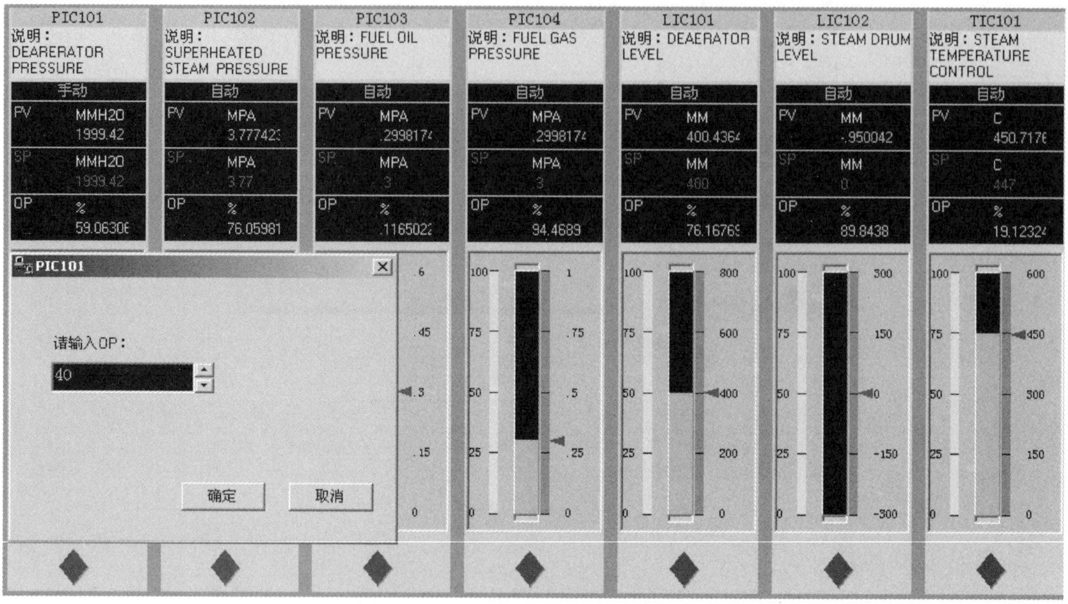

图 1-23　DCS 风格控制组

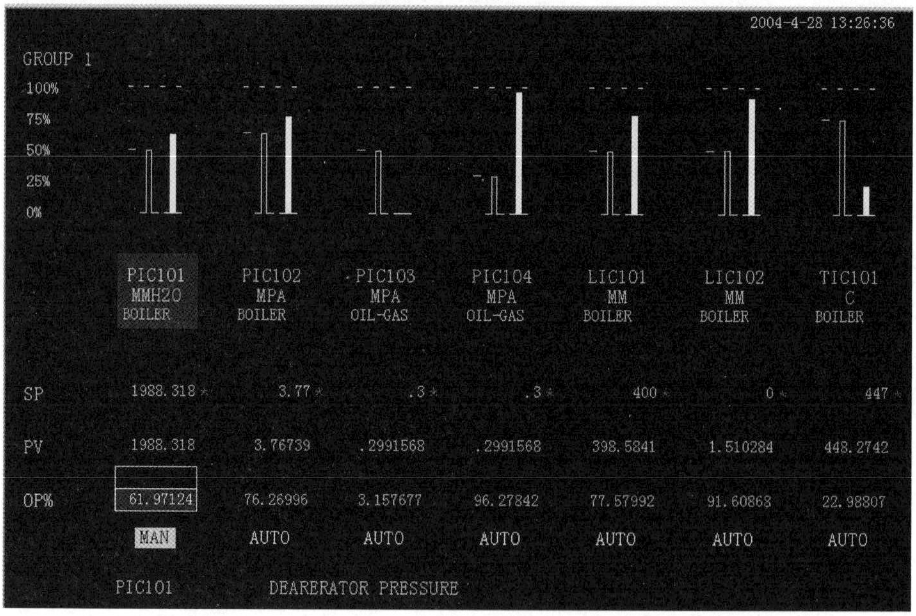

图 1-24　TDC3000 风格控制组

（3）报警画面：选择“报警”菜单中的“显示报警列表”，将弹出报警列表窗口(图 1-25)。报警列表显示了报警的时间、报警的点名、报警点的描述、报警的级别、报警点的当前值及其他信息(图 1-25)。

（4）趋势画面。通用 DCS：在“趋势”菜单中选择某一菜单项，会弹出如图 1-26 所示的

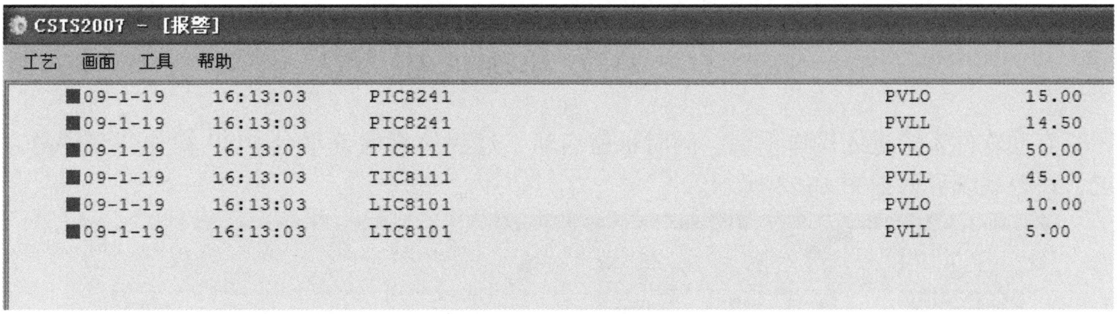

图 1-25 报警画面

趋势图，该画面一共可同时显示 8 个点的当前值和历史趋势(图 1-26)。

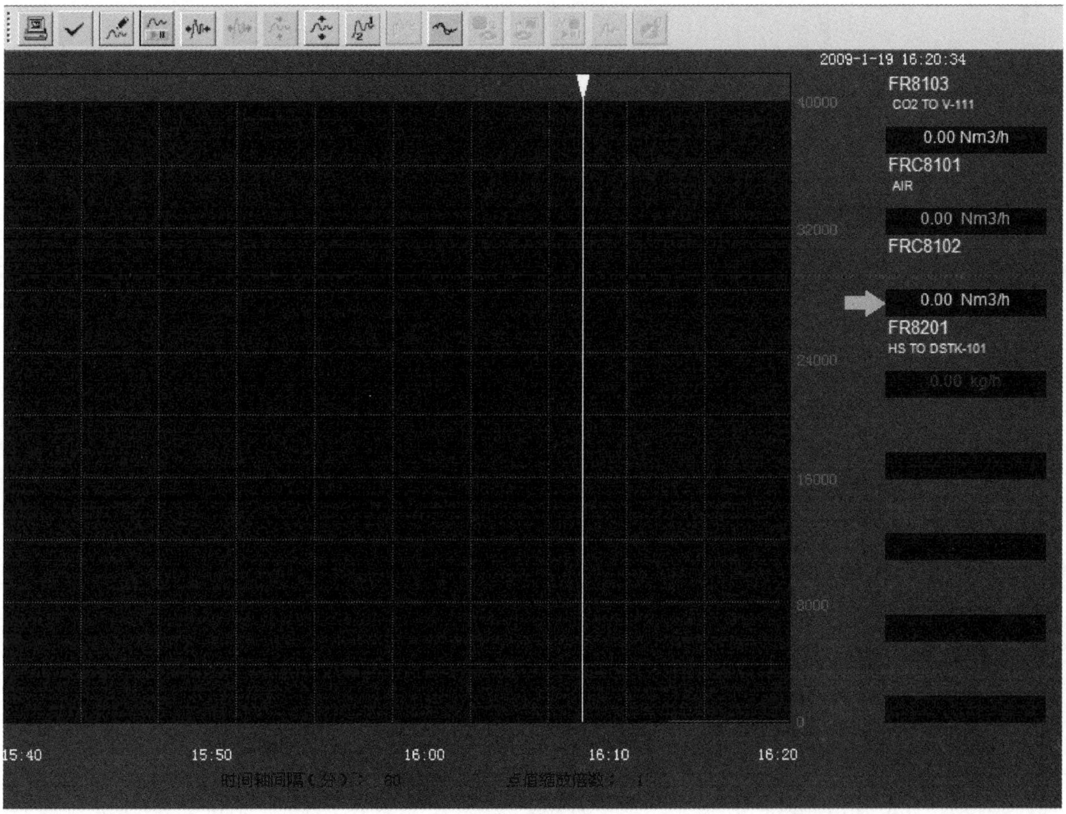

图 1-26 趋势画面

在趋势画面中可以用鼠标点击相应的变量的位号，查看该变量趋势曲线，同时有一个绿色箭头进行指示。也可以通过上部的快捷图标栏调节横纵坐标的比例；还可以用鼠标拖动白色的标尺，查看详细历史数据。

三、退出系统

直接关闭流程图窗口和评分文件窗口，弹出关闭确认对话框(图 1-27)，都会退出系统。另外，还可在菜单“工艺菜单”重点击“系统退出”退出系统。

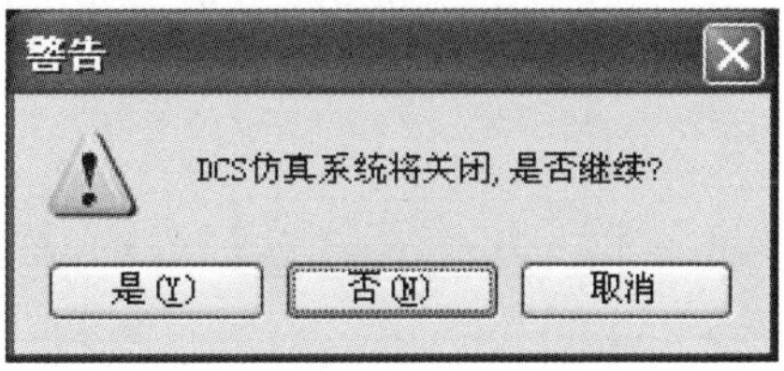

图 1-27 系统退出

第三节　评分系统使用方法

启动软件系统进入操作平台，同时也就启动了过程仿真系统平台 PISP 操作质量评分系统，评分系统界面如图 1-28 所示。

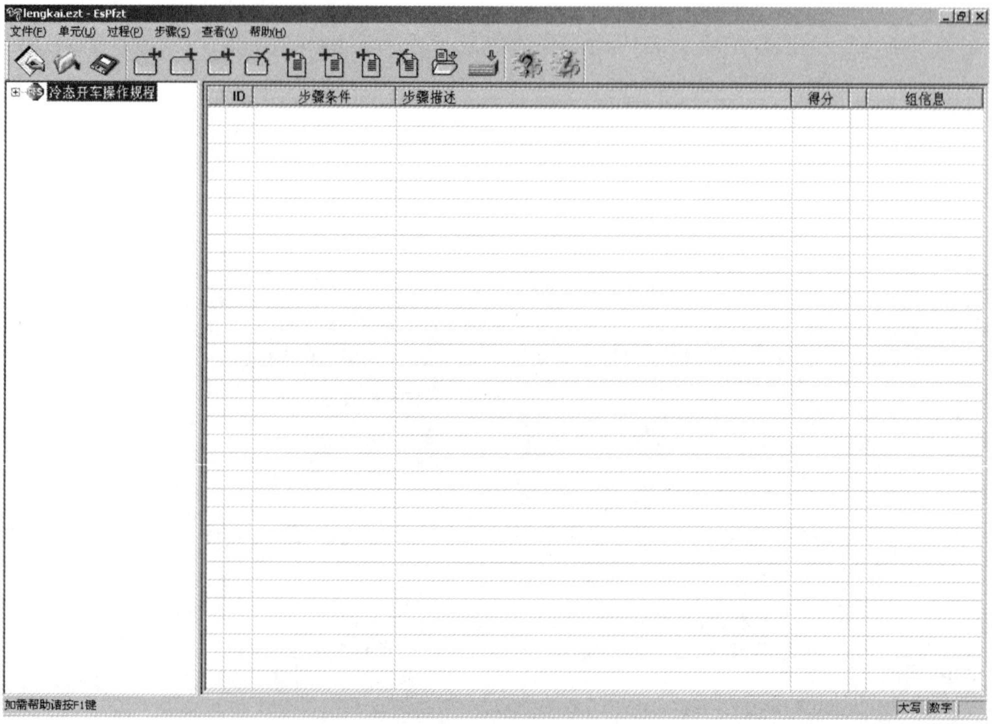

图 1-28　评分系统界面

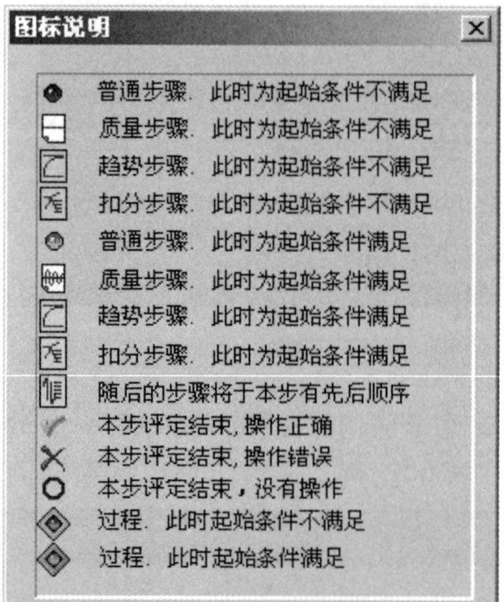

图 1-29　图标说明

过程仿真系统平台 PISP. NET 评分系统是智能操作指导、诊断、评测软件(以下简称智能软件)，它通过对用户的操作过程进行跟踪，在线为用户提供如下功能：

一、操作状态指示

对当前操作步骤和操作质量所进行的状态以不同的图标表示出来(图 1-29 所示为操作系统中所用的光标说明)。

1. 操作步骤状态图标及提示

图标：表示此过程的起始条件没有满足，该过程不参与评分。

图标：表示此过程的起始条件满足，开始对过程中的步骤进行评分。

图标：为普通步骤，表示本步还没有开始操作，也就是说，还没有满足此步的起始条件。

图标：表示本步已经开始操作，但还没有操作完，也就是说已满足此步的起始条件，但此操作步骤还没有完成。

图标：表示本步操作已经结束，并且操作完全正确(得分等于 100)。

图标：表示本步操作已经结束，但操作不正确(得分为 0)。

图标：表示过程终止条件已满足，本步操作无论是否完成都被强迫结束。

2. 操作质量图标及提示

图标：表示这条质量指标还没有开始评判，即起始条件未满足。

图标：表示起始条件满足，本步骤已经开始参与评分，若本步评分没有终止条件，则会一直处于评分状态。

图标：表示过程终止条件已满足，本步操作无论是否完成都被强迫结束。

图标：在 PISP. NET 的评分系统中包括了扣分步骤，主要是当操作严重不当，可能引起重大事故时，从已得分数中扣分，此图标表示起始条件不满足，即还没有出现失误操作。

图标：表示起始条件满足，已经出现严重失误的操作，开始扣分。

二、操作方法指导

在线给出操作步骤的指导说明，对操作步骤的具体实现方法给出详细的操作说明(图 1-30)。

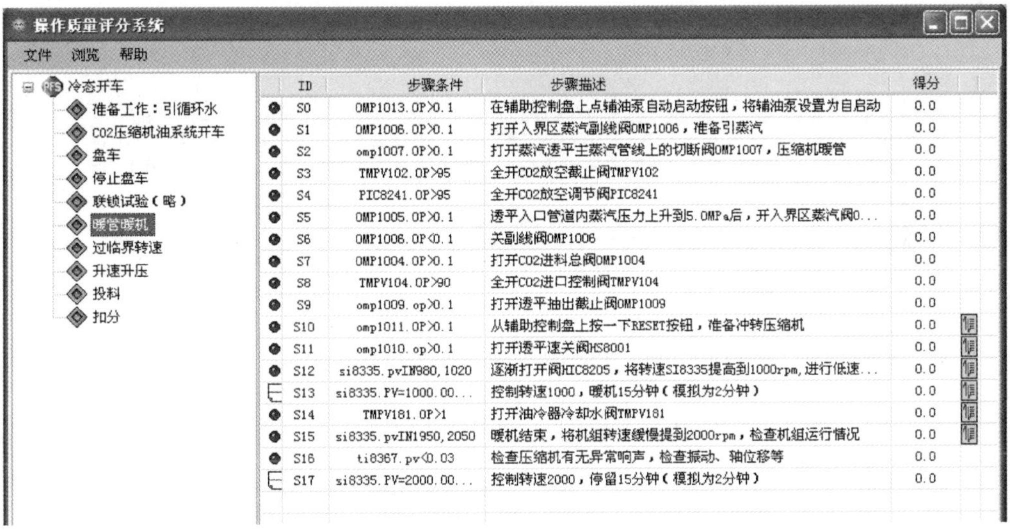

图 1-30　操作步骤说明

对于操作质量可给出关于这条质量指标的目标值、上下允许范围、上下评定范围，当鼠标移到质量步骤一栏，所在栏都会变蓝，双击点出该步骤属性对话框(图 1-31)。

提示：质量评分从起始条件满足后开始评分，如果没有终止条件，评分贯穿整个操作过程。控制指标接近标准值的时间越长，得分越高。

三、操作诊断及诊断结果指示

实时对操作过程进行跟踪检查，并对用户的操作进行实时评价，将操作错误的过程或动

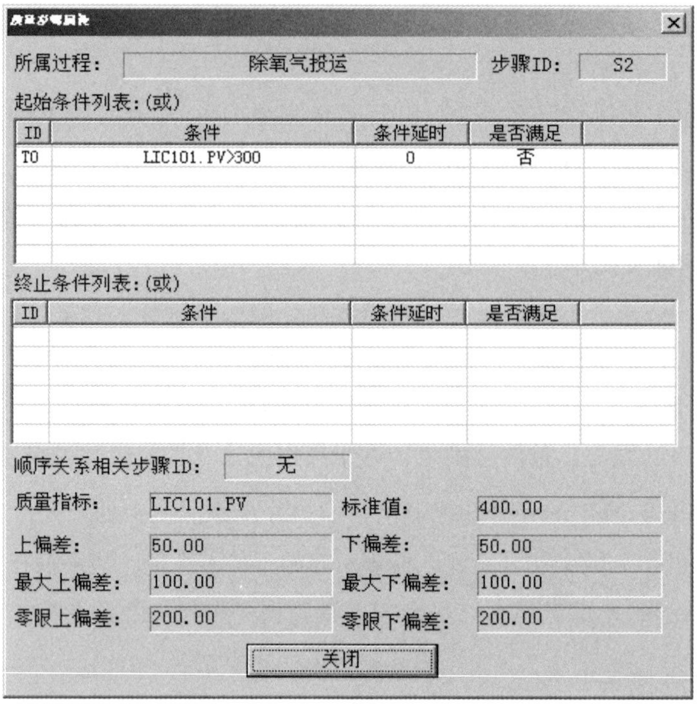

图 1-31　步骤属性对话框

作一一说明，以便用户对这些错误操作查找原因及时纠正或在今后的训练中进行改正及重点训练(图 1-32)。

图 1-32　操作诊断结果

四、查看分数

实时对操作过程进行评定，对每一步进行评分，并给出整个操作过程的综合得分，可以实时查看用户所操作的总分，并生成评分文件。

“浏览→成绩”查看总分和每个步骤实时成绩(图 1-33)。

图 1-33　学员成绩单

五、其他辅助功能

PISP. NET 评分系统辅助功能：

(1) 学员最后的成绩可以生成成绩列表，成绩列表可以保存也可以打印。如图 1-34 所示，点击“浏览”菜单中的“成绩”就会弹出如图 1-34 所示的对话框，此对话框包括学员资料、总成绩、各项分部成绩及操作步骤得分的详细说明。

(2) 单击“文件”菜单下面的“打开”，可以打开以前保存过的成绩单，“保存”菜单可以保存新的成绩单覆盖原来旧的成绩单，“另存为”则不会覆盖原来保存过的成绩单(图 1-35)。

(3) 直接单击“文件”下面的“系统退出”，退出操作系统。

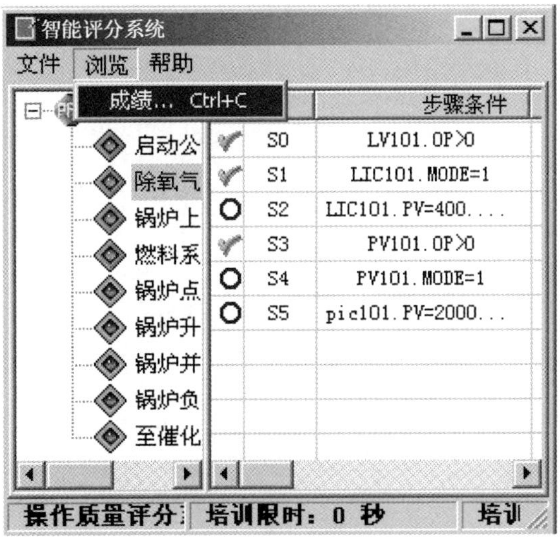

图 1-34　“成绩”对话框

打开评价系统快门文件
查找范围(I):
BOILER
1
TEACHSYS
Data_1
ENV
G
GC
MOV
PEIXUN
RUN
SAVEKM
历史
桌面
我的文档
我的电脑
网上邻居
文件名(N):
文件类型(T):
评价系统快门数据文件 (*.PF)
以只读方式打开(R)
打开(O)
取消
智能评价系统
文件
浏览
帮助
打开… Ctrl+O
保存
组态
另存为… Ctrl+S
打印… Ctrl+P
系统退出

图 1-35　打开成绩单

第二章　单元仿真操作实训

实训一　离心泵单元

一、工艺流程说明

1. 离心泵工作原理基础

在工业生产和国民经济的许多领域，常需对液体进行输送或加压，能完成此类任务的机械称为泵。而其中靠离心作用给液体提供能量的叫离心泵。由于离心泵具有结构简单，性能稳定，检修方便，操作容易和适应性强等特点，在化工生产中应用十分广泛。所以，离心泵的操作是化工生产中的最基本的操作。

离心泵由吸入管、排出管和离心泵主体组成。离心泵主体分为转动部分和固定部分。转动部分由电动机带动旋转，电动机将能量传递给泵轴和叶轮。固定部分包括泵壳、导轮、密封装置等。叶轮是离心泵中使液体接受外加能量的部件。泵轴的作用是把电动机的能量传递给叶轮。泵壳是通道截面积逐渐扩大的蜗形壳体，它将液体限定在一定的空间里，并将液体大部分动能转化为静压能。导轮是一组与叶轮旋转方向相适应，且固定于泵壳上的叶片。密封装置的作用是防止液体的泄漏或空气倒吸入泵内。

启动灌满了被输送液体的离心泵后，在电机的作用下，泵轴带动叶轮一起旋转，叶轮的叶片推动其间的液体转动，在离心力的作用下，液体被甩向叶轮边缘并获得动能；在导轮的引领下沿流通截面积逐渐扩大的泵壳流向排出管，液体流速逐渐降低，而静压能增大。排出管的增压液体经管路即可送往目的地。与此同时，叶轮中心因为液体被甩出而形成一定的真空，因储槽液面上方压强大于叶轮中心处，在压力差的作用下，液体不断从吸入管进入泵内，以填补被排出的液体位置。因此，只要叶轮不断旋转，液体便不断地被吸入和排出。由此，离心泵之所以能输送液体，主要是依靠高速旋转的叶轮。

离心泵的操作中有两种现象应当避免：气缚和气蚀。

气缚是指在启动泵前泵内没有灌满被输送的液体，或在运转过程中泵内渗入了空气，因为气体的密度小于液体，产生的离心力小，无法把空气甩出去，导致叶轮中心所形成的真空度不足以将液体吸入泵内，尽管此时叶轮在不停地旋转，却由于离心泵失去了自吸能力而无法输送液体，这种现象称为气缚。

气蚀是指当储槽叶面的压力一定时，如叶轮中心的压力降低到等于被输送液体当前温度下的饱和蒸气压时，叶轮进口处的液体会汽化产生大量的气泡，这些气泡随液体进入高压区后又迅速被压碎而凝结，周围的液体质点以极大的速度冲向气泡中心，造成瞬间冲击压力，从而使得叶轮部分很快损坏，同时伴有泵体震动，发出噪音，泵的流量、扬程和效率明显下降，这种现象叫气蚀。

2. 工艺流程简介

离心泵是化工生产过程中输送液体的常用设备之一，其工作原理是靠离心泵内外压差的作用不断地吸入液体，靠叶轮的高速旋转使液体获得动能，靠扩压管或导叶将动能转化为压力，从而达到输送液体的目的。

本工艺为单独培训离心泵的操作而设计，其工艺流程(参考流程仿真界面)如图 2-1 所示。

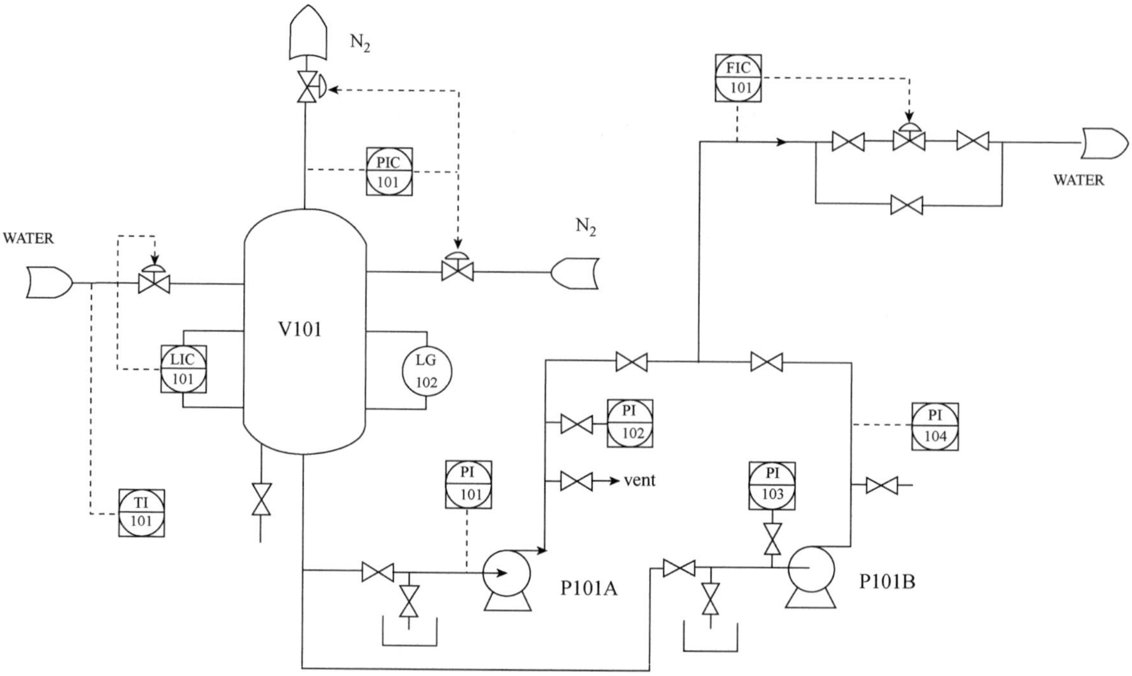

图 2-1　离心泵单元工艺流程图

来自某一设备约 40℃的带压液体经调节阀(LV101)进入带压罐(V101)，罐液位由液位控制器(LIC101)通过调节 V101 的进料量来控制；罐内压力由 PIC101 分程控制，泵 PV101A 和 PV101B 分别调节进入 V101 和出 V101 的氮气量，从而保持罐压(表压)恒定在 5.0atm (1atm=101.325kPa，全书后面不再标注)。罐内液体由泵 P101A/B 抽出，泵出口流量在流量调节器(FIC101)的控制下输送到其他设备。

3. 控制方案

V101 的压力由调节器(PIC101)分程控制，调节阀(PV101)的分程动作示意图如图 2-2 所示。

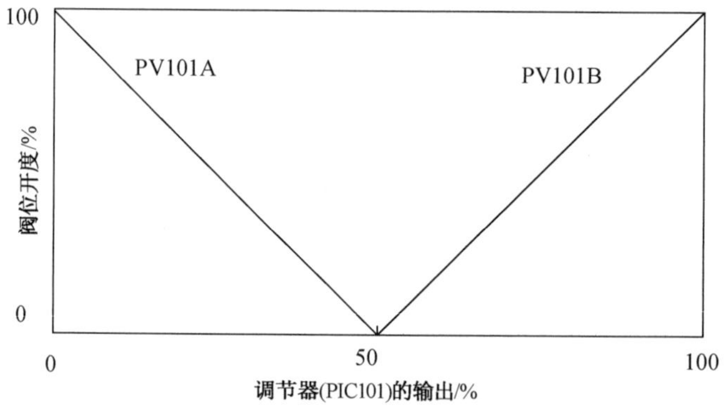

图 2-2　PIC101 分程控制

补充说明:本单元现场图中现场阀旁边的实心红色圆点代表高点排气和低点排液的指示标志，当完成高点排气和低点排液时实心红色圆点变为绿色。此标志在换热器单元的现场图中也有。

4. 设备一览

V101：离心泵前罐；

P101A：离心泵 A；

P101B：离心泵 B(备用泵)。

二、离心泵单元操作规程

1. 开车操作规程

（1）准备工作：①盘车。②核对吸入条件。③调整填料或机械密封装置。

（2）罐 V101 充液、充压：

①向罐 V101 充液：a. 打开 LIC101 调节阀，开度约为 30%，向 V101 罐充液。b. 当 LIC101 达到 50%时，LIC101 设定 50%，投自动。

② 罐 V101 充压：a. 待 V101 罐液位>5%后，缓慢打开分程压力调节阀(PV101A)向 V101 罐充压。b. 当压力升高到 5.0atm(1atm=101.325kPa)时，PIC101 设定 5.0atm，投自动。

（3）启动泵前准备工作

① 灌泵：待 V101 罐充压充到正常值 5.0atm 后，打开 P101A 泵入口阀 VD01，向离心泵充液。观察 VD01 出口标志变为绿色后，说明灌泵完毕。

② 排气：a. 打开 P101A 泵后排气阀 VD03 排放泵内不凝性气体。b. 观察 P101A 泵后排空阀 VD03 的出口，当有液体溢出时，显示标志变为绿色，标志着 P101A 泵已无不凝气体，关闭 P101A 泵后排空阀 VD03，启动离心泵的准备工作已就绪。

（4）启动离心泵

① 启动离心泵，然后启动 P101A(或 B)泵。

② 流体输送：a. 待 PI102 指示比入口压力大 1.5～2.0 倍后，打开 P101A 泵出口阀(VD04)。b. 将 FIC101 调节阀的前阀、后阀打开。c. 逐渐开大调节阀 FIC101 的开度，使 PI101、PI102 趋于正常值。

③ 调整操作参数：微调 FV101 调节阀，在测量值与给定值相对误差 5%范围内且较稳定时，FIC101 设定到正常值，投自动。

2. 正常操作规程

（1）正常工况操作参数：

① P101A 泵出口压力 PI102：12.0atm(1atm=101.325kPa，下同)。

② V101 罐液位 LIC101：50.0%。

③ V101 罐内压力 PIC101：5.0atm。

④ 泵出口流量 FIC101：20000kg/h。

（2）负荷调整：可任意改变泵、按键的开关状态，手操阀的开度及液位调节阀、流量调节阀、分程压力调节阀的开度，观察其现象。

P101A 泵功率正常值：15kW，FIC101 量程正常值：20t/h。

3. 停车操作规程

（1）V101 罐停进料

LIC101 置手动，并手动关闭调节阀 LV101，停 V101 罐进料。

（2）停泵

① 待罐 V101 液位小于 10%时，关闭 P101A(或 B)泵的出口阀(VD04)。

② 停 P101A 泵。

③ 关闭 P101A 泵前阀 VD01。

④ FIC101 置手动并关闭调节阀 FV101 及其前、后阀(VB03、VB04)。

（3）泵 P101A 泄液：打开泵 P101A 泄液阀 VD02，观察 P101A 泵泄液阀 VD02 的出口，当不再有液体泄出时，显示标志变为红色，关闭 P101A 泵泄液阀 VD02。

（4）V101 罐泄压、泄液：

① 待罐 V101 液位小于 10%时，打开 V101 罐泄液阀 VD10。

② 待 V101 罐液位小于 5%时，打开 PIC101 泄压阀。

③ 观察 V101 罐泄液阀 VD10 的出口，当不再有液体泄出时，显示标志变为红色，待罐 V101 液体排净后，关闭泄液阀 VD10。

4. 仪表及报警一览表

仪表及报警一览表见表 2-1。

表 2-1　仪表及报警一览表

位　号	说　明	类型	正常值	量程上限	量程下限	工程单位	高 报	低 报	高高报	低低报
FIC101	离心泵出口流量	PID	2000	40000	0.0	kg/h				
LIC101	V101 液位控制系统	PID	50.0	100.0	0.0	%	80.0	20.0		
PIC101	V101 压力控制系统	PID	5.0	10.0	0.0	atm(G)		2.0		
PI101	泵 P101A 入口压力	AI	4.0	20.0	0.0	atm(G)				
PI102	泵 P101A 出口压力	AI	12.0	30.0	0.0	atm(G)	13.0			
PI103	泵 P101B 入口压力	AI		20.0	0.0	atm(G)				
PI104	泵 P101B 出口压力	AI		30.0	0.0	atm(G)	13.0			
TI101	进料温度	AI	50.0	100.0	0.0	℃				

三、事故设置一览

1. P101A 泵坏操作规程

事故现象：(1)P101A 泵出口压力急剧下降；(2)FIC101 流量急剧减小。

处理方法：切换到备用泵 P101B。

(1) 全开 P101B 泵入口阀 VD05，向泵 P101B 灌液，全开排空阀 VD07，排 P101B 的不凝气，当显示标志为绿色后，关闭 VD07。

(2) 灌泵和排气结束后，启动 P101B。

(3) 待泵 P101B 出口压力升至入口压力的 1.5~2 倍后，打开 P101B 出口阀 VD08，同时缓慢关闭 P101A 出口阀 VD04，以尽量减少流量波动。

(4) 待 P101B 进出口压力指示正常，按停泵顺序停止 P101A 运转，关闭泵 P101A 入口阀 VD01，并通知维修工。

2. 调节阀 FV101 阀卡操作规程

事故现象：FIC101 的液体流量不可调节。

处理方法：(1)打开 FV101 的旁通阀 VD09，调节流量使其达到正常值。(2)手动关闭调节阀 FV101 及其后阀 VB04、前阀 VB03。(3)通知维修部门。

3. P101A 入口管线堵操作规程

事故现象：(1)P101A 泵入口、出口压力急剧下降；(2)FIC101 流量急剧减小到零。

处理方法：按泵的切换步骤切换到备用泵 P101B，并通知维修部门进行维修。

4. P101A 泵气蚀操作规程

事故现象：(1)P101A 泵入口、出口压力上下波动；(2)P101A 泵出口流量波动(大部分时间达不到正常值)。

处理方法：按泵的切换步骤切换到备用泵 P101B。

5. P101A 泵气缚操作规程

事故现象：(1)P101A 泵入口、出口压力急剧下降；(2)FIC101 流量急剧减少。

处理方法：按泵的切换步骤切换到备用泵 P101B。

四、仿真界面

仿真界面图见图 2-3、图 2-4 所示。

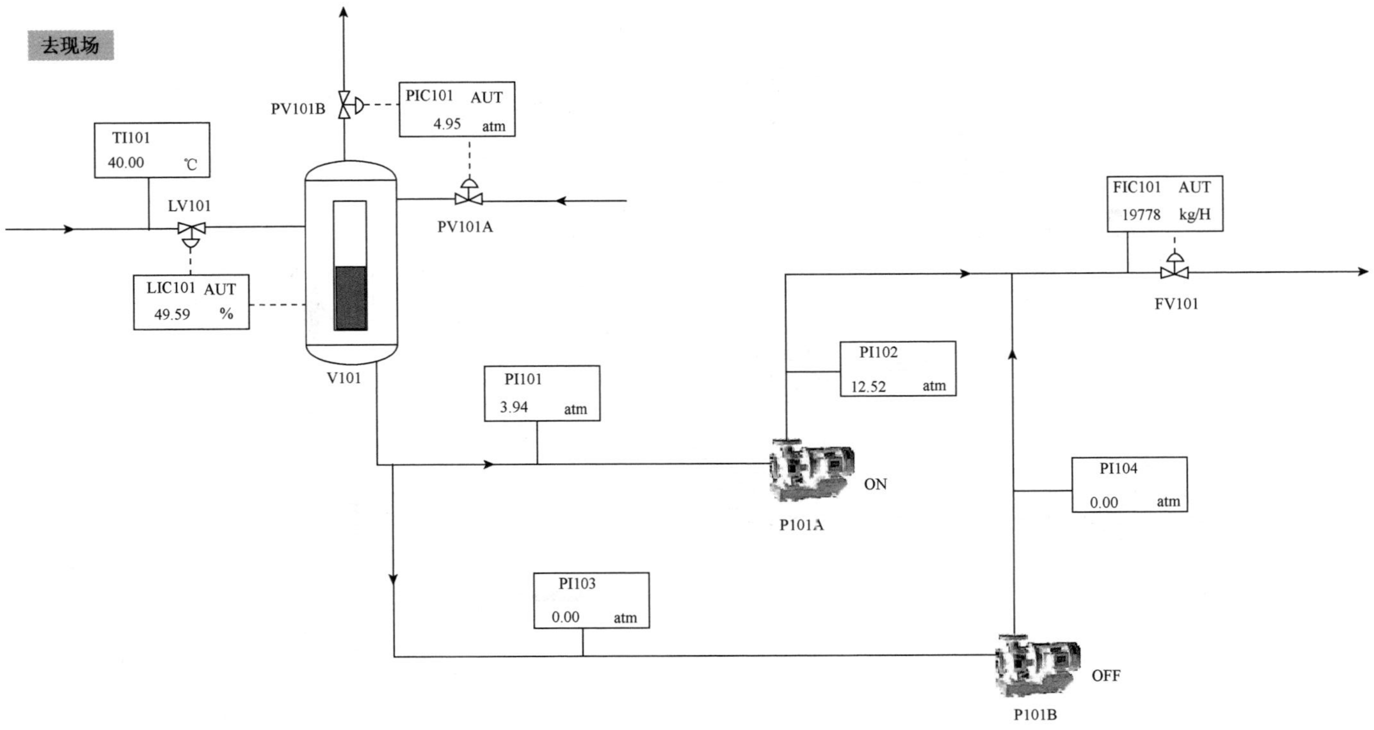

图 2－3　离心泵 DCS 界面

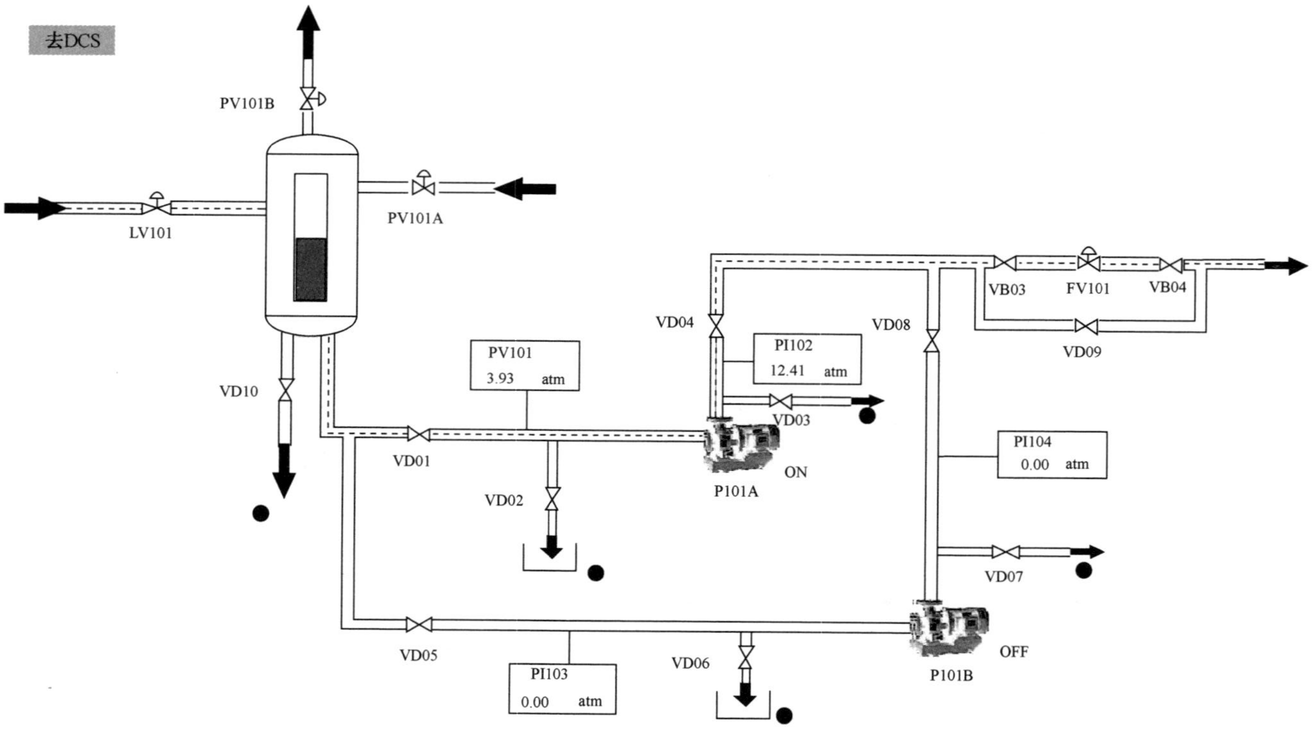
去DCS
PV101B
LV101
PV101A
VD10
PV101
3.93 atm
VD01
VD02
VD04
PI102
12.41 atm
VD03
ON
P101A
VD08
VB03
FV101
VB04
VD09
PI104
0.00 atm
VD07
VD05
PI103
0.00 atm
VD06
P101B
OFF

图 2－4　离心泵现场界面

思考题

1. 请简述离心泵的工作原理和结构。

2. 请举例说出除离心泵以外你所知道的其他类型的泵。

3. 什么叫气蚀现象？气蚀现象有什么破坏作用？

4. 发生气蚀现象的原因有那些？如何防止气蚀现象的发生？

5. 为什么启动前一定要将离心泵灌满被输送液体？

6. 离心泵在启动和停止运行时泵的出口阀应处于什么状态？为什么？

7. 泵 P101A 和泵 P101B 在进行切换时，应如何调节其出口阀 VD04 和 VD08，为什么要这样做？

8. 一台离心泵在正常运行一段时间后，流量开始下降，为什么？

9. 离心泵出口压力过高或过低应如何调节？

10. 离心泵入口压力过高或过低应如何调节？

11. 若两台性能相同的离心泵串联操作，其输送流量和扬程较单台离心泵相比有什么变化？若两台性能相同的离心泵并联操作，其输送流量和扬程较单台离心泵相比有什么变化？

实训二 换热器单元

一、工艺流程说明

1. 工作原理简述

在化工、能源、动力、冶金、机械、建筑等工业部门中，常常涉及到换热问题，特别是在化工生产过程中的化学反应过程或一些单元操作中，都需要进行加热或冷却操作，所以，对化工行业的人员来说，换热设备的操作技术培训是很重要的基本单元操作训练。

热量的传递有传导、对流和辐射三种基本方式，热传导是无物质宏观位移的传热方式，主要发生于静止物质内或层流的流体中；对流传热是指流体中质点发生相对位移引起的热交换，常伴生有热传导；由热的原因产生电磁波在空间的热传递是辐射传热，它不需要有传递介质。

化工生产中所指的换热器，常指间壁式换热器，它利用金属壁将冷、热两种流体间隔开，热流体将热传到壁面的一侧(对流传热)，通过间壁内的热传导，再由间壁的另一侧将热传给冷流体，从而使热物流被冷却，冷物流被加热，满足化工生产中对冷物流或热物流温度的控制要求。

本单元选用的是双程列管式换热器，冷物流被加热后有相变化。

在传热过程中，传热速率除与传热推动力(温度差)有关外，还与传热面积和传热系数成正比。传热面积减少时，传热速率减少；如果间壁上有气膜或污垢层，都会降低传热系数，减少传热速率。所以，开车时要排不凝气；发生管堵或严重结垢时，必须停车检修或清洗。

另外，考虑到金属的热胀冷缩特性，尽量减小温差应力和局部过热等问题，开车时应先进冷物料后进热物料；停车时则先停热物料后停冷物料。

2. 工艺说明

本单元设计采用管壳式换热器。来自界外的92℃冷物流(沸点：198.25℃)由泵P101A/B送至换热器(E101)的壳程被流经管程的热物流加热至145℃，并有20%被汽化。冷物流流量由流量控制器(FIC101)控制，正常流量为12000kg/h。来自另一设备的225℃热物流经泵P102A/B送至换热器(E101)与流经壳程的冷物流进行热交换，热物流出口温度由TIC101控制(177℃)。

为保证热物流的流量稳定，TIC101采用分程控制，TV101A和TV101B分别调节流经E101和副线的流量，TIC101输出0%～100%分别对应TV101A开度0%～100%，TV101B开度100%～0%。换热器单元流程见图2-5所示。

3. 本单元复杂控制方案说明

TIC101的分程控制线见图2-6所示。

补充说明：本单元现场图中现场阀旁边的实心红色圆点代表高点排气和低点排液的指示标志，当完成高点排气和低点排液时实心红色圆点变为绿色。

4. 设备一览

P101A/B：冷物流进料泵；

P102A/B：热物流进料泵；

E101：列管式换热器。

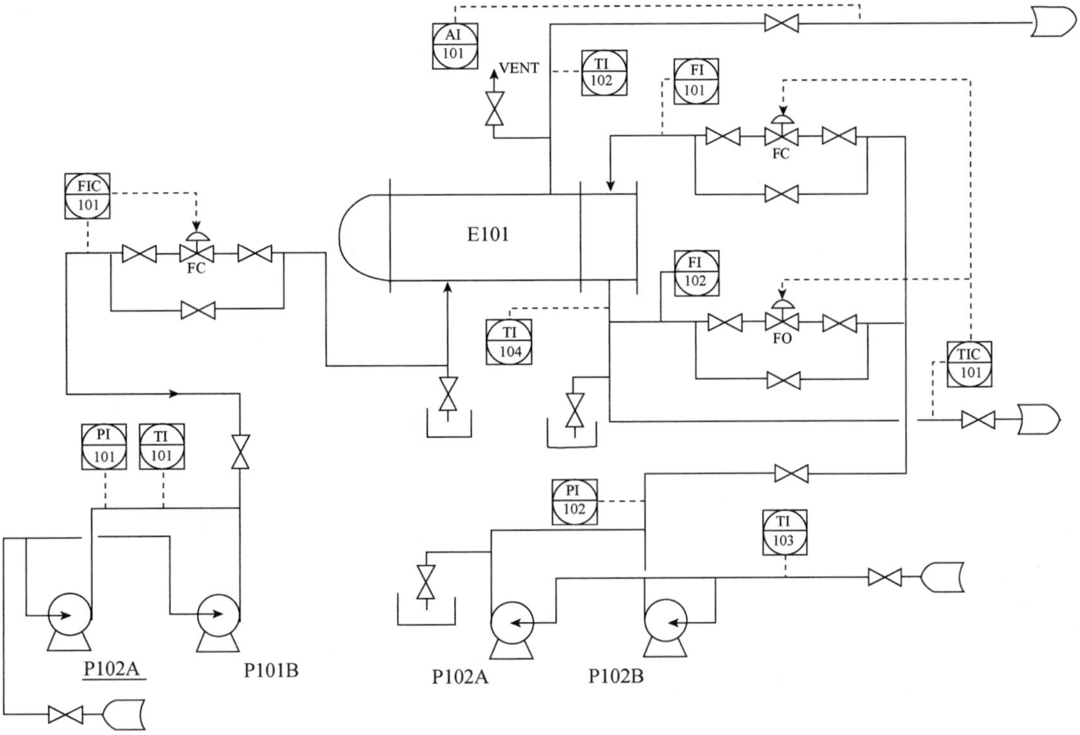

图 2-5　换热器单元流程图

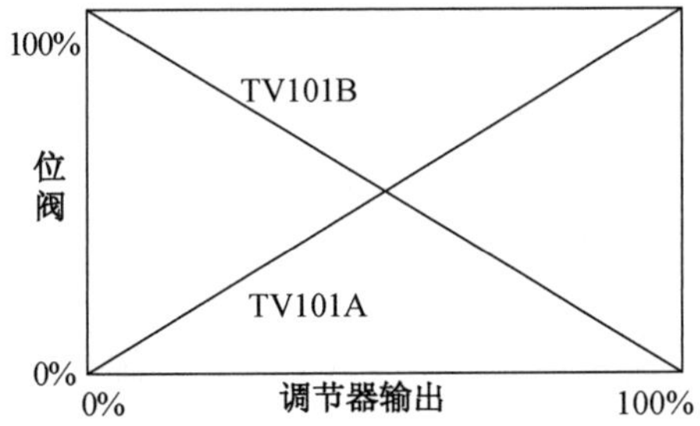

图 2-6　TIC101 的分程控制

二、换热器单元操作规程

1. 开车操作规程

装置的开工状态为换热器处于常温常压下，各调节阀处于手动关闭状态，各手操阀处于关闭状态，可以直接进冷物流。

（1）启动冷物流进料泵 P101A：

① 开换热器壳程排气阀（VD03）。

② 开 P101A 泵的前阀 VB01。

③ 启动泵（P101A）。

④ 当进料压力指示表（PI101）指示达 9.0atm 以上，打开 P101A 泵的出口阀 VB03。

（2）冷物流 E101 进料：

① 打开 FIC101 的前后阀 VB04、VB05，手动逐渐开大调节阀 FV101（FIC101）。

② 观察壳程排气阀（VD03）的出口，当有液体溢出时（VD03 旁边标志变绿），标志着壳程已无不凝性气体，关闭壳程排气阀 VD03，壳程排气完毕。

③ 打开冷物流出口阀(VD04)，将其开度置为 50%，手动调节 FV101，使 FIC101 其达到 12000kg/h，且较稳定时 FIC101 设定为 12000kg/h，投自动。

(3) 启动热物流入口泵 P102A：

① 开管程放空阀 VD06。

② 开 P102A 泵的前阀 VB11。

③ 启动 P102A 泵。

④ 当热物流进料压力表 PI102 指示大于 10atm 时，全开 P102 泵的出口阀 VB10。

(4) 热物流进料

① 全开 TV101A 的前后阀 VB06、VB07，TV101B 的前后阀 VB08、VB09。

② 打开调节阀(TV101A)给 E101 管程注液，观察 E101 管程排汽阀 VD06 的出口，当有液体溢出时(VD06 旁边标志变绿)，标志着管程已无不凝性气体，此时关管程排气阀 VD06，E101 管程排气完毕。

③ 打开 E101 热物流出口阀(VD07)，将其开度置为 50%，手动调节管程温度控制阀 TIC101，使其出口温度在 177℃±2℃，且较稳定，TIC101 设定在 177℃，投自动。

2. 正常操作规程

(1) 正常工况操作参数：

① 冷物流流量为 12000kg/h，出口温度为 145℃，汽化率 20%。

② 热物流流量为 10000kg/h，出口温度为 177℃。

(2) 备用泵的切换：

① P101A 与 P101B 之间可任意切换。

② P102A 与 P102B 之间可任意切换。

3. 停车操作规程

(1) 停热物流进料泵 P102A：

① 关闭 P102 泵的出口阀 VB01。

② 停 P102A 泵。

③ 待 PI102 指示小于 0.1atm 时，关闭 P102 泵入口阀 VB11。

(2) 停热物流进料：

① TIC101 置手动。

② 关闭 TV101A 的前后阀 VB06、VB07。

③ 关闭 TV101B 的前后阀 VB08、VB09。

④ 关闭 E101 热物流出口阀 VD07。

(3) 停冷物流进料泵 P101A：

① 关闭 P101 泵的出口阀 VB03。

② 停 P101A 泵。

③ 待 PI101 指示小于 0.1atm 时，关闭 P101 泵入口阀 VB01。

(4) 停冷物流进料：

① FIC101 置手动。

② 关闭 FIC101 的前后阀 VB04、VB05。

③ 关闭 E101 冷物流出口阀 VD04。

(5) E101 管程泄液：

打开管程泄液阀 VD05，观察管程泄液阀 VD05 的出口，当不再有液体泄出时，关闭泄液阀 VD05。

（6）E101 壳程泄液：

打开壳程泄液阀 VD02，观察壳程泄液阀 VD02 的出口，当不再有液体泄出时，关闭泄液阀 VD02。

4. 仪表及报警一览表

换热器单元仪表及报警一览表见表 2-2。

表 2-2 换热器单元仪表及报警一览表

位 号	说 明	类型	正常值	量程上限	量程下限	工程单位	高报值	低报值	高高报值	低低报值
FIC101	冷流入口流量控制	PID	12000	20000	0	kg/h	17000	3000	19000	1000
TIC101	热流入口温度控制	PID	177	300	0	℃	255	45	285	15
PI101	冷流入口压力显示	AI	9.0	27000	0	atm	10	3	15	1
TI101	冷流入口温度显示	AI	92	200	0	℃	170	30	190	10
PI102	热流入口压力显示	AI	10.0	50	0	atm	12	3	15	1
TI102	冷流出口温度显示	AI	145.0	300	0	℃	17	3	19	1
TI103	热流入口温度显示	AI	225	400	0	℃				
TI104	热流出口温度显示	AI	129	300	0	℃				
FI101	流经换热器流量	AI	10000	20000	0	kg/h				
FI102	未流经换热器流量	AI	10000	20000	0	kg/h				

注：1atm＝101.325kPa。

三、事故设置一览

1. FIC101 阀卡

主要现象：(1)FIC101 流量减小。(2)P101 泵出口压力升高。(3)冷物流出口温度升高。

事故处理：关闭 FIC101 前后阀，打开 FIC101 的旁路阀(VD01)，调节流量使其达到正常值。

2. P101A 泵坏

主要现象：(1)P101 泵出口压力急骤下降。(2)FIC101 流量急骤减小。(3)冷物流出口温度升高，汽化率增大。

事故处理：关闭 P101A 泵，开启 P101B 泵。

3. P102A 泵坏

主要现象：(1)P102 泵出口压力急骤下降。(2)冷物流出口温度下降，汽化率降低。

事故处理：关闭 P102A 泵，开启 P102B 泵。

4. TV101A 阀卡

主要现象：(1)热物流经换热器换热后的温度降低。(2)冷物流出口温度降低。

事故处理：关闭 TV101A 前后阀，打开 TV101A 的旁路阀(VD01)，调节流量使其达到正常值。关闭 TV101B 前后阀，调节旁路阀(VD09)。

5. 部分管堵

主要现象：(1)热物流流量减小。(2)冷物流出口温度降低，汽化率降低。(3)热物流 P102 泵出口压力略升高。

事故处理：停车拆换热器清洗。

6. 换热器结垢严重

主要现象：热物流出口温度高。

事故处理：停车拆换热器清洗。

四、仿真界面

仿真界面见图 2-7、图 2-8 所示。

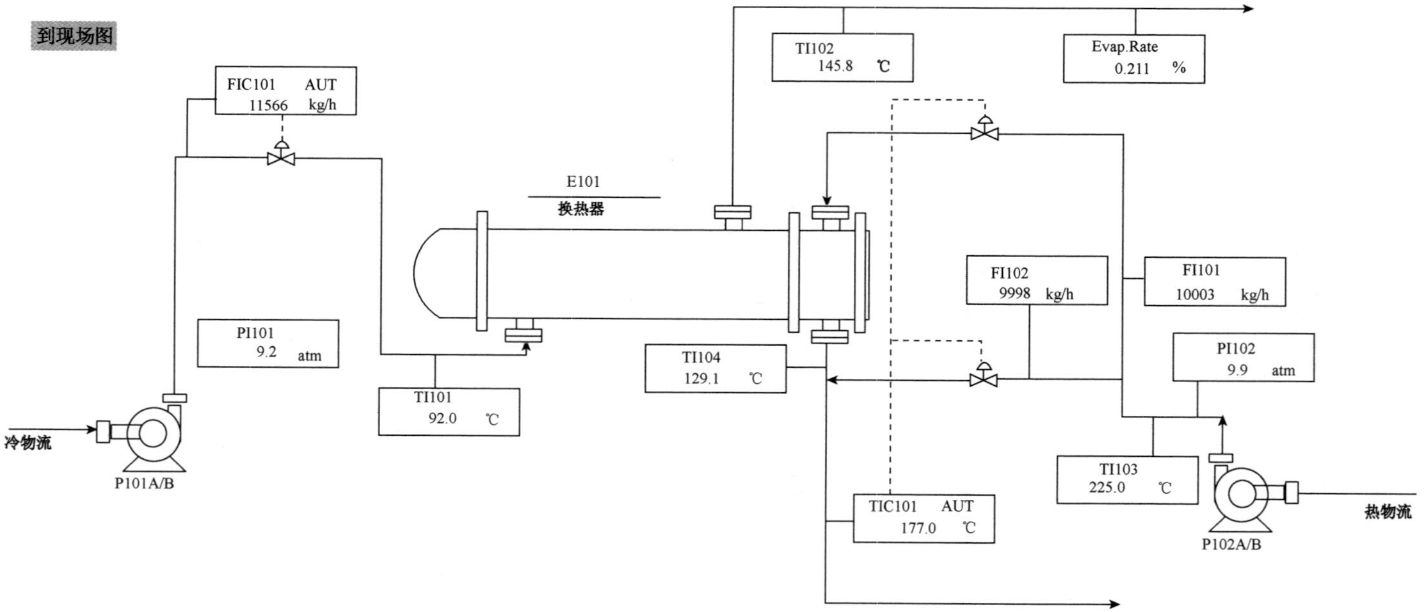

图 2－7　列管式换热器 DCS 界面

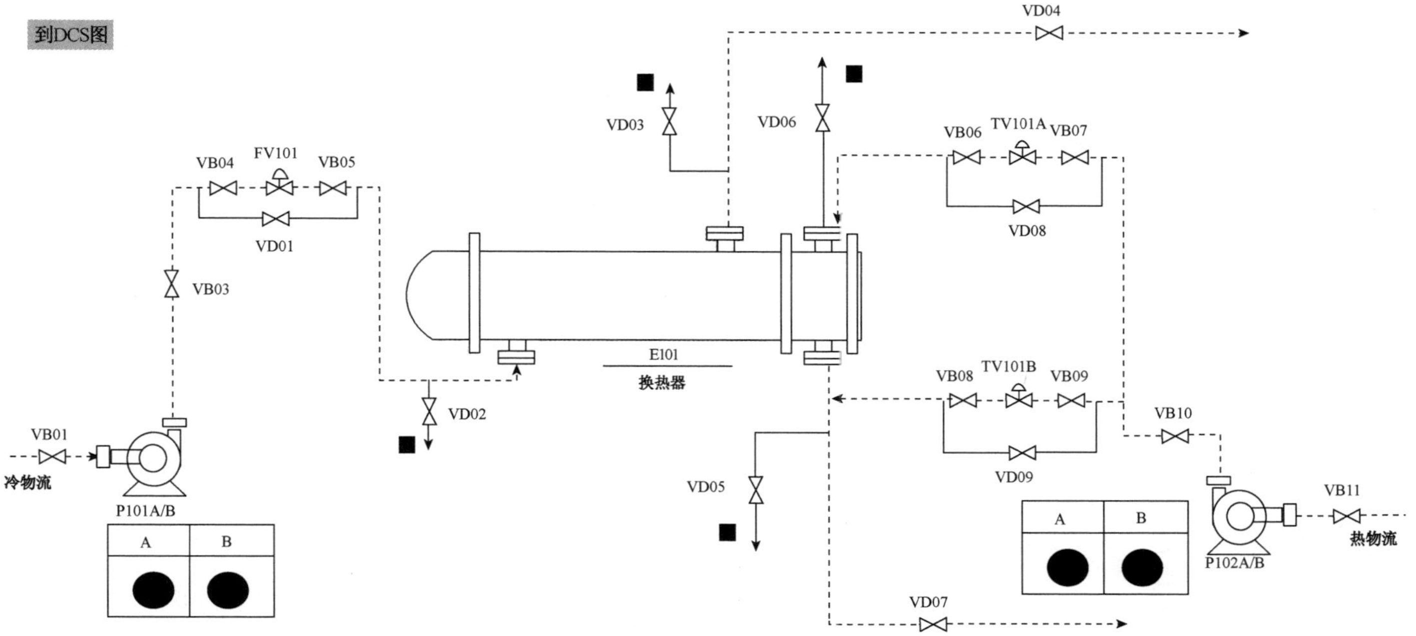

图 2－8　列管式换热器现场界面

思考题

1. 冷态开车是先送冷物料，后送热物料；而停车时又要先关热物料，后关冷物料，为什么？

2. 开车时不排出不凝气会有什么后果？如何操作才能排净不凝气？

3. 为什么停车后管程和壳程都要高点排气、低点泄液？

4. 你认为本系统调节器 TIC101 的设置合理吗？如何改进？

5. 影响间壁式换热器传热量的因素有哪些？

6. 传热有哪几种基本方式，各自的特点是什么？

7. 工业生产中常见的换热器有哪些类型？

实训三　液位控制单元

一、工艺流程说明

1. 工作原理简述

多级液位控制和原料的混合比例，是化工生产中经常遇到的问题。要得到平稳准确的控制，除了按流程中主物料流向逐渐建立液位外，还应准确分析流程，找出主副控制变量，选择合理的自动控制方案，并进行正确的控制操作。本仿真培训单元流程中有 1 个储罐，2 个储槽，通过简单控制回路和分程、串级、比值等复杂控制回路，对其进行液位控制。目的在于掌握多级液位控制和常用的复杂控制系统。

2. 工艺说明

本流程为液位控制系统，通过对 3 个罐的液位及压力的调节，使学员掌握简单回路及复杂回路的控制及相互关系。

缓冲罐(V101)仅一股来料，8atm 压力的液体通过调节产供阀(FIC101)向罐 V101 充液，此罐压力由调节阀(PIC101)分程控制，缓冲罐压力高于分程点(5. 0atm)时，PV101B 自动打开泄压，压力低于分程点时，PV101B 自动关闭，PV101A 自动打开给罐充压，使 V101 压力控制在 5atm。缓冲罐(V101)液位调节器(LIC101)和流量调节阀(FIC102)串级调节，一般液位正常控制在 50%左右，自 V101 底抽出液体通过泵 P101A 或 P101B(备用泵)打入罐 V102，该泵出口压力一般控制在 9atm，FIC102 流量正常控制在 20000kg/h。

罐 V102 有两股来料，一股为 V101 通过 FIC102 与 LIC101 串级调节后来的流量；另一股为 8atm 压力的液体通过调节阀 LIC102 进入罐 V102，一般 V102 液位控制在 50%左右，V102 底液抽出通过调节阀 FIC103 进入 V103，正常工况时 FIC103 的流量控制在 30000kg/h。

罐 V103 也有两股进料，一股来自于 V102 的底抽出量，另一股为 8atm 压力的液体通过 FIC103 与 FI103 比值调节进入 V103，比值系数为 2 :1，V103 底液体通过 LIC103 调节阀输出，正常时罐 V103 液位控制在 50%左右。

3. 本单元控制回路说明

本单元主要包括：单回路控制系统、分程控制系统、比值控制系统、串级控制系统。

(1) 单回路控制回路：单回路控制回路又称单回路反馈控制。由于在所有反馈控制中，单回路反馈控制是最基本、结构做简单的一种，因此，它又被称之为简单控制。

单回路反馈控制由四个基本环节组成，即被控对象(简称对象)或被控过程(简称过程)、测量变送装置、控制器和控制阀。

所谓控制系统的整定，就是对于一个已经设计并安装就绪的控制系统，通过控制器参数的调整，使得系统的过渡过程达到最为满意的质量指标要求。

本单元的单回路控制有：FIC101、LIC102、LIC103。

(2) 分程控制回路：通常是一台控制器的输出只控制一只控制阀。然而分程控制系统却不然，在这种控制回路中，一台控制器的输出可以同时控制两只甚至两只以上的控制阀，控制器的输出信号被分割成若干个信号的范围段，而由每一段信号去控制一只控制阀。

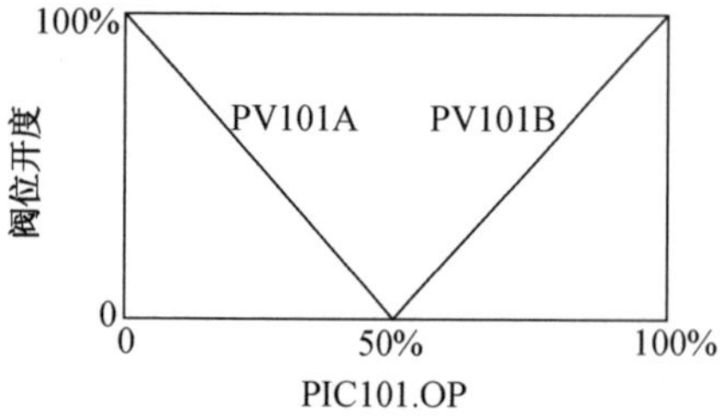

图 2-9　PIC101 分程控制

本单元的分程控制回路有：PIC101 分程控制冲压阀 PV101A 和泄压阀 PV101B，如图 2-9 所示。

（3）比值控制系统：在化工、炼油及其他工业生产过程中，工艺上常需要两种或两种以上的物料保持一定的比例关系，比例一旦失调，将影响生产或造成事故。

实现两个或两个以上参数符合一定比例关系的控制系统，称为比值控制系统。通常以保持两种或几种物料的流量为一定比例关系的系统，称之流量比值控制系统。

比值控制系统可分为：开环比值控制系统、单闭环比值控制系统、双闭环比值控制系统、变比值控制系统、串级和比值控制组合的系统等。

FFIC104：为一比值调节器。根据 FIC1103 的流量，按一定的比例，相应地调整 FI103 的流量。

对于比值调节系统，首先是要明确那种物料是主物料，而另一种物料按主物料来配比。在本单元中，FIC1425（以 C_2 为主的烃原料）为主物料，而 FIC1427（H_2）的量是随主物料（C_2 为主的烃原料）的量的变化而改变。

（4）串级控制系统：如果系统中不止采用一个控制器，而且控制器间相互串联，一个控制器的输出作为另一个控制器的给定值，这样的系统称为串级控制系统。

串级控制系统的特点：

① 能迅速地克服进入副回路的扰动。

② 改善主控制器的被控对象特征。

③ 有利于克服副回路内执行机构等的非线性。

在本单元中罐 V101 的液位是由液位调节器 LIC101 和流量调节器 FIC102 串级控制。

（5）设备一览：

V-101：缓冲罐；

V-102：恒压中间罐；

V-103：恒压产品罐；

P101A：缓冲罐 V-101 底抽出泵；

P101B：缓冲罐 V-101 底抽出备用泵。

二、装置的操作规程

1. 冷态开车规程

装置的开工状态为 V-102 和 V-103 两罐已充压完毕，保压在 2. 0atm，缓冲罐 V-101 压力为常压状态，所有可操作阀均处于关闭状态。

（1）缓冲罐 V-101 充压及液位建立：

① 确认事项：V-101 压力为常压。

② V-101 充压及建立液位：

a. 在现场图上，打开 V-101 进料调节阀(FIC101)的前后手阀 V1 和 V2，开度在 100%。

b. 在 DCS 图上，打开调节阀(FIC101)，阀位一般在 30%左右开度，给缓冲罐 V101 充液。

c. 待 V101 见液位后再启动压力调节阀 PIC101，阀位先开至 20%充压。

d. 待压力达 5atm 左右时，PIC101 投自动。

(2) 中间罐 V-102 液位建立：

① 确认事项：a. V-101 液位达 40%以上。b. V-101 压力达 5.0atm 左右。

② V-102 建立液位：

a. 在现场图上，打开泵 P101A 的前手阀 V5 为 100%。

b. 启动泵 P101A。

c. 当泵出口压力达 10atm 时，打开泵 P101A 的后手阀 V7 为 100%。

d. 打开流量调节器 FIC102 前后手阀 V9 及 V10 为 100%。

e. 打开出口调节阀 FIC102，手动调节 FV102 开度，使泵出口压力控制在 9.0atm 左右。

f. 打开液位调节阀 LV102 至 50%开度。

g. V-101 进料流量调整器 FIC101 投自动，设定值为 20000.0kg/h。

h. 操作平稳后调节阀 FIC102 投入自动控制并与 LIC101 串级调节 V101 液位。

i. V-102 液位达 50%左右，LIC102 投自动，设定值为 50%。

(3) 产品罐 V-103 建立液位：

① 确认事项：V-102 液位达 50%左右。

② V-103 建立液位：

a. 在现场图上，打开流量调节器 FIC103 的前后手阀 V13 及 V14。

b. 在 DCS 图上，打开 FIC103 及 FFIC104，阀位开度均为 50%。

c. 当 V103 液位达 50%时，打开液位调节阀 LIC103 开度为 50%。

d. LIC103 调节平稳后投自动，设定值为 50%。

2. 正常操作规程

正常工况下的工艺参数：

(1) FIC101 投自动，设定值为 20000.0kg/h。

(2) PIC101 投自动(分程控制)，设定值为 5.0atm。

(3) LIC101 投自动，设定值为 50%。

(4) FIC102 投串级(与 LIC101 串级)。

(5) FIC103 投自动，设定值为 30000.0kg/h。

(6) FFIC104 投串级(与 FIC103 比值控制)，比值系统为常数 2.0。

(7) LIC102 投自动，设定值为 50%。

(8) LIC103 投自动，设定值为 50%。

(9) 泵 P101A(或 P101B)出口压力 PI101 正常值为 9.0atm。

(10) V-102 外进料流量 FI101 正常值为 10000.0kg/h。

(11) V-103 产品输出量 FI102 的流量正常值为 45000.0kg/h。

3. 停车操作规程

（1）正常停车：

① 关进料线：

a. 将调节阀(FIC101)改为手动操作，关闭 FIC101，再关闭现场手阀 V1 及 V2。

b. 将调节阀(LIC102)改为手动操作，关闭 LIC102，使 V-102 外进料流量 FI101 为 0.0kg/h。

c. 将调节阀(FFIC104)改为手动操作，关闭 FFIC104。

② 将调节器改手动控制：

a. 将调节器 LIC101 改手动调节，FIC102 解除串级改手动控制。

b. 手动调节 FIC102，维持泵 P101A 出口压力，使 V-101 液位缓慢降低。

c. 将调节器 FIC103 改手动调节，维持 V-102 液位缓慢降低。

d. 将调节器 LIC103 改手动调节，维持 V-103 液位缓慢降低。

③ V-101 泄压及排放：

a. 罐 V101 液位下降至 10%时，先关出口阀 FV102，停泵 P101A，再关入口阀 V5。

b. 打开排凝阀 V4，关 FIC102 手阀 V9 及 V10。

c. 罐 V-101 液位降到 0.0 时，PIC101 置手动调节，打开 PV101 为 100%放空。

④ 当罐 V-102 液位为 0.0 时，关调节阀 FIC103 及现场前后手阀 V13 及 V14。

⑤ 当罐 V-103 液位为 0.0 时，关调节阀 LIC103。

（2）紧急停车：紧急停车操作规程同正常停车操作规程。

4. 仪表一览表

液位控制单元仪表一览表见表 2-3。

表 2-3 液位控制单元仪表一览表

位 号	说 明	类型	正常值	量程高限	量程低限	工程单位	高 报	低 报	高高报	低低报
FIC101	V-101 进料流量	PID	20000.0	40000.0	0.0	kg/h				
FIC102	V-101 出料流量	PID	20000.0	40000.0	0.0	kg/h				
FIC103	V-102 出料流量	PID	30000.0	60000.0	0.0	kg/h				
FIC104	V-103 进料流量	PID	15000.0	30000.0	0.0	kg/h				
LIC101	V-101 液位	PID	50.0	100.0	0.0	%				
LIC102	V-102 液位	PID	50.0	100.0	0.0	%				
LIC103	V-103 液位	PID	50.0	100.0	0.0	%				
PIC101	V-101 压力	PID	5.0	10.0	0.0	atm				
FI101	V-102 进料液量	AI	10000.0	20000.0	0.0	kg/h				
FI102	V-103 出料流量	AI	45000.0	90000.0	0.0	kg/h				
FI103	V-103 进料流量	AI	15000.0	30000.0	0.0	kg/h				
PI101	P101A/B 出口压	AI	9.0	10.0	0.0	atm				
FI01	V-102 进料流量	AI	20000.0	40000.0	0.0	kg/h	22000.0	5000.0	25000.0	3000.0
FI02	V-103 出料流量	AI	45000.0	90000.0	0.0	kg/h	47000.0	43000.0	50000.0	40000.0
FY03	V-102 出料流量	AI	30000.0	60000.0	0.0	kg/h	32000.0	28000.0	35000.0	25000.0
FI03	V-103 进料流量	AI	15000.0	30000.0	0.0	kg/h	17000.0	13000.0	20000.0	10000.0
LI01	V-101 液位	AI	50.0	100.0	0.0	%	80	20	90	10

续表

位　号	说　　明	类型	正常值	量程高限	量程低限	工程单位	高 报	低 报	高高报	低低报
LI02	V-102 液位	AI	50.0	100.0	0.0	%	80	20	90	10
LI03	V-103 液位	AI	50.0	100.0	0.0	%	80	20	90	10
PY01	V-101 压力	AI	5.0	10.0	0.0	atm	5.5	4.5	6.0	4.0
PI01	P101A/B 出口压力	AI	9.0	18.0	0.0	atm	9.5	8.5	10.0	8.0
FY01	V-101 进料流量	AI	20000.0	40000.0	0.0	kg/h	22000.0	18000.0	25000.0	15000.0
LY01	V-101 液位	AI	50.0	100.0	0.0	%	80	20	90	10
LY02	V-102 液位	AI	50.0	100.0	0.0	%	80	20	90	10
LY03	V-103 液位	AI	50.0	100.0	0.0	%	80	20	90	10
FY02	V-102 进料流量	AI	20000.0	40000.0	0.0	kg/h	22000.0	18000.0	25000.0	15000.0
FFY04	比值控制器	AI	2.0	4.0	0.0		2.5	1.5	4.0	0.0
PT01	V101 的压力控制	AO	50.0	100.0	0.0	%				
LT01	V101 的液位调节器的输出	AO	50.0	100.0	0.0	%				
LT02	V102 的液位调节器的输出	AO	50.0	100.0	0.0	%				
LT03	V103 的液位调节器的输出	AO	50.0	100.0	0.0	%				

三、事故设置一览

1. 泵 P101A 坏

原因：运行泵 P101A 停。

现象：画面泵 P101A 显示为开，但泵出口压力急剧下降。

处理：先关小出口调节阀开度，启动备用泵 P101B，调节出口压力，压力达 9.0atm 时，关泵 P101A，完成切换。

处理方法：(1)关小 P101A 泵出口阀 V7。(2)打开 P101B 泵入口阀 V6。(3)启动备用泵 P101B。(4)打开 P101B 泵出口阀 V8。(5)待 PI101 压力达 9.0atm 时，关 V7 阀。(6)关闭 P101A 泵。(7)关闭 P101A 泵入口阀 V5。

2. 调节阀 FIC102 阀卡

原因：FIC102 调节阀卡 20%开度不动作。

现象：罐 V101 液位急剧上升，FIC102 流量减小。

处理：打开副线阀 V11，待流量正常后，关调节阀前后手阀。

处理方法：(1)调节 FIC102 旁路阀 V11 开度。(2)待 FIC102 流量正常后，关闭 FIC102 前后手阀 V9 和 V10。(3)关闭调节阀 FIC102。

四、仿真界面

仿真界面见图 2-10、图 2-11 所示。

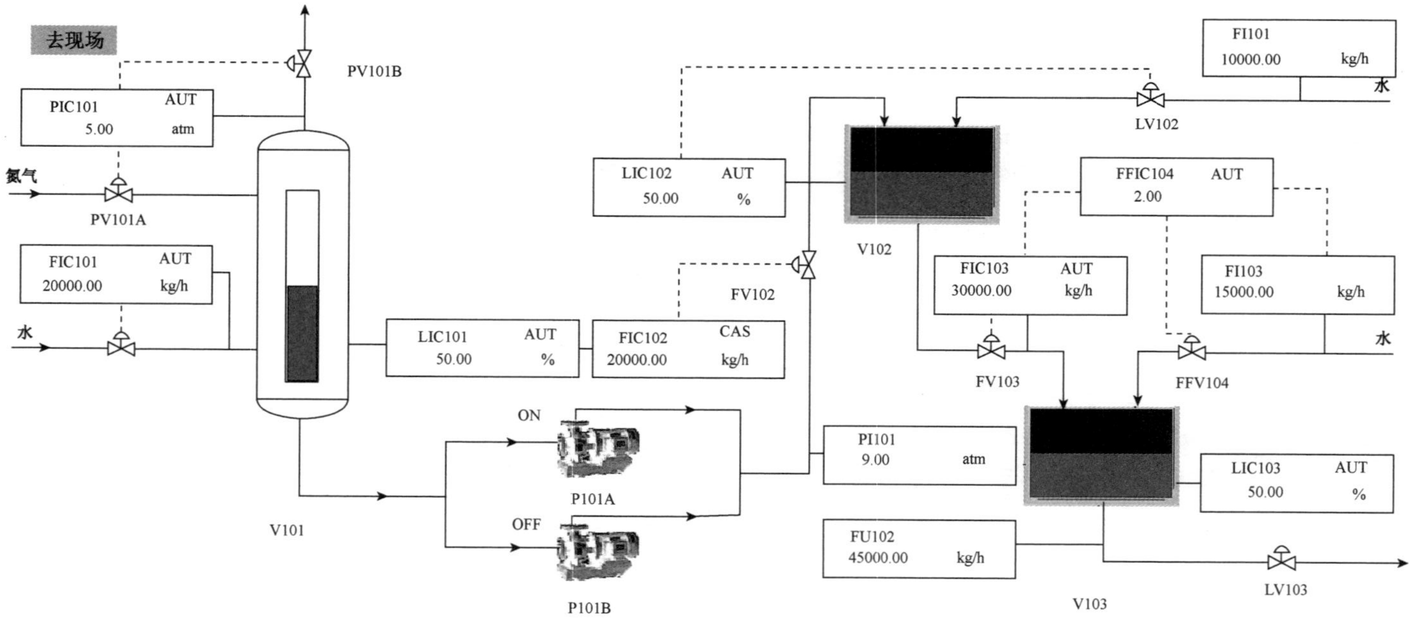

图 2－10　液位控制系统 DCS 图

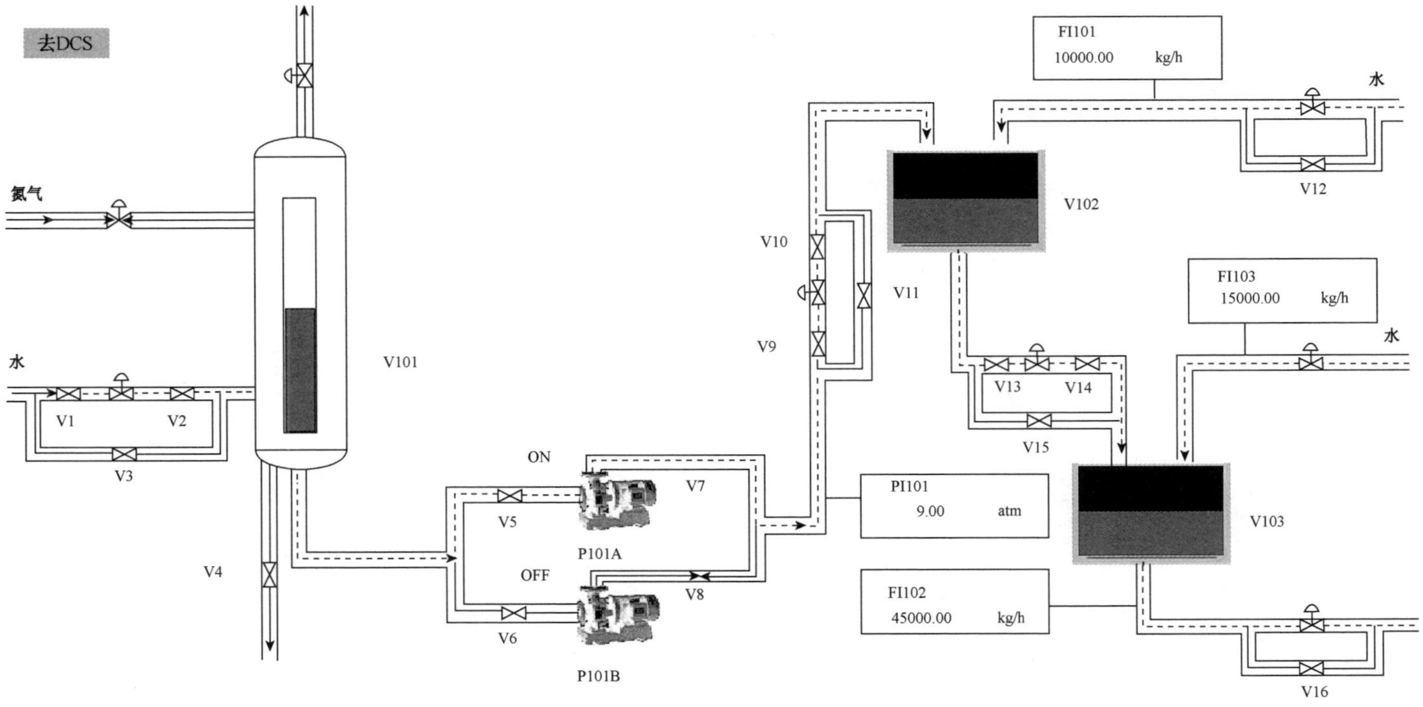

图 2－11 液位控制系统现场界面

思考题

1. 通过本单元，理解什么是“过程动态平衡”，掌握通过仪表画面了解液位发生变化的原因和如何解决的方法。

2. 请问在调节器 FIC103 和 FFIC104 组成的比值控制回路中，哪一个是主动量？为什么？并指出这种比值调节属于开环，还是闭环控制回路？

3. 本仿真培训单元包括有串级、比值、分程三种复杂调节系统，你能说出它们的特点吗？它们与简单控制系统的差别是什么？

4. 在开/停车时，为什么要特别注意维持流经调节阀 FV103 和 FFV104 的液体流量比值为 2？

5. 请简述开/停车的注意事项有哪些？

实训四　管式加热炉单元

一、工艺流程说明

1. 工作原理简述

在工业生产中，能对物料进行热加工，并使其发生物理或化学变化的加热设备称为工业炉或窑。一般把用来完成各种物料的加热、熔炼等加工工艺的加热设备叫做炉；而把用于固体物料热分解所用的加热设备，叫做窑，如石灰窑。按热源可分为：燃煤炉、燃油炉、燃气炉和油气混合燃烧炉。按炉温可分为：高温炉（>1000℃）、中温炉（650~1000℃）和低温炉（<650℃）。

工业炉的操作使用包括：烘炉操作、开/停车操作、热工调节和日常维护。其中烘炉的目的是排出炉体及附属设备中砌体的水分，并使砌体完全转化为砖，避免砌体产生开裂和剥落现象。烘炉分为三个主要过程：水分排出期、砌体膨胀期和保温期。

油气混合燃烧管式加热炉开车时，要先对炉膛进行蒸汽吹扫，并先烧燃料气再烧燃料油。而停车时则正好相反，应先停燃料油，后停燃料气。点燃燃料油火嘴前，要先用蒸汽吹扫干净火嘴上的结焦和集水。

2. 工艺流程简述

本单元选择的是石油化工生产中最常用的管式加热炉，管式加热炉是一种直接受热式加热设备，主要用于加热液体或气体化工原料，所用燃料通常有燃料油和燃料气。管式加热炉的传热方式以辐射传热为主，通常由以下几部分构成：

辐射室：通过火焰或高温烟气进行辐射传热的部分。这部分直接受火焰冲刷，温度很高（600~1600℃），是热交换的主要场所（约占热负荷的70%~80%）。

对流室：靠辐射室出来的烟气进行以对流传热为主的换热部分。

燃烧器：是使燃料雾化并混合空气，使之燃烧的产热设备，燃烧器可分为燃料油燃烧器、燃料气燃烧器和油-气联合燃烧器。

通风系统：将燃烧用空气引入燃烧器，并将烟气引出炉子，可分为自然通风方式和强制通风方式。本岗位的加热炉采用自然通风方式，依靠烟囱本身的抽力通风，炉膛是靠炉膛内高温烟气与炉子外冷空气的密度差所形成的压差把空气从外界吸入。安装在烟道内的挡板可以由全关状态开启到全开状态。因本岗位的加热炉采用自然通风方式，所以挡板的作用是用于控制进入加热炉炉膛的空气用量。通过调整挡板和风门的开度能够调整炉膛负压和烟道气中氧气含量。

（1）工艺物料系统：某烃类化工原料在流量调节器（FIC101）的控制下先进入加热炉（F-101）的对流段，经对流加热升温后，再进入F-101的辐射段，被加热至420℃后，送至下一工序，其炉出口温度由调节器（TIC106）通过调节燃料气流量或燃料油压力来控制。

采暖水在调节器（FIC102）控制下，经与F-101的烟气换热，回收余热后返回采暖水系统。

（2）燃料系统：燃料气管网的燃料气在调节器（PIC101）的控制下进入燃料气罐（V-105），燃料气在V-105中脱油脱水后，分两路送入加热炉，一路在PCV01控制下送入常明线；一路在TV106调节阀控制下送入油-气联合燃烧器。

来自燃料油罐V-108的燃料油经P101A/B升压后，在PIC109控制压送至燃烧器火嘴前，用于维持火嘴前的油压，多余燃料油返回V-108。来自管网的雾化蒸汽在PDIC112的控制压与燃料油保持一定压差情况下送入燃料器。来自管网的吹热蒸汽直接进入炉膛底部。

3. 本单元复杂控制方案说明

炉出口温度控制：工艺物流炉出口温度（TIC106）通过一个切换开关（HS101）实现两种

控制方案：其一是直接控制燃料气流量，其二是与燃料压力调节器(PIC109)构成串级控制。当采用第一种方案时：燃料油的流量固定，不做调节，通过TIC106自动调节燃料气流量控制工艺物流炉出口温度；当采用第二种方案时：燃料气流量固定，TIC106和燃料压力调节器PIC109构成串级控制回路，控制工艺物流炉出口温度。

4. 设备一览

V-105：燃料气分液罐；

V-108：燃料油贮罐；

F-101：管式加热炉；

P-101A：燃料油A泵；

P-101B：燃料油B泵。

二、本单元操作规程

1. 开车操作规程

装置的开车状态为氨置换的常温常压氨封状态。

(1) 开车前的准备：

① 公用工程启用(现场图"UTILITY"按钮置"ON")。

② 摘除联锁(现场图"BYPASS"按钮置"ON")。

③ 联锁复位(现场图"RESET"按钮置"ON")。

(2) 点火准备工作：

① 全开加热炉的烟道挡板(MI102)。

② 打开吹扫蒸汽阀(D03)，吹扫炉膛内的可燃气体(实际约需10min)。

③ 待可燃气体的含量低于0.5%后，关闭吹扫蒸汽阀(D03)。

④ 将MI101调节至30%。

⑤ 调节MI102在一定的开度(30%左右)。

(3) 燃料气准备

① 手动打开PIC101的调节阀，向V-105充燃料气。

② 控制V-105的压力不超过2atm，在2atm处将PIC101投自动。

(4) 点火操作：

① 当V-105压力大于0.5atm后，启动点火棒("IGNITION"按钮置"ON")，开常明线上的根部阀门(D05)。

② 确认点火成功(火焰显示)。

③ 若点火不成功，需重新进行吹扫和再点火。

(5) 升温操作：

① 确认点火成功后，先进燃料气线上的调节阀的前后阀(B03、B04)，再稍开调节阀(<10%)(TV106)，再全开根部阀(D10)，引燃料气入加热炉火嘴。

② 用调节阀TV106控制燃料气量，来控制升温速度。

③ 当炉膛温度升至100℃时恒温30s(实际生产恒温1h)烘炉，当炉膛温度升至180℃时恒温30s(实际生产恒温1h)暖炉。

(6) 引工艺物料：当炉膛温度升至180℃后，引工艺物料。

① 先开进料调节阀的前后阀B01、B02，再稍开调节阀FV101(<10%)。引进工艺物料进加热炉。

② 先开采暖水线上调节阀的前后阀B13、B12，再稍开调节阀FV102(<10%)，引采暖水进加热炉。

（7）启动燃料油系统：待炉膛温度升至200℃左右时，开启燃料油系统。

① 开雾化蒸汽调节阀的前后阀B15、B14，再微开调节阀PDIC112(<10%)。

② 全开雾化蒸汽的根部阀D09。

③ 开燃料油压力调节阀PV109的前后阀B09、B08。

④ 开燃料油返回V-108管线阀D06。

⑤ 启动燃料油泵P101A。

⑥ 微开燃料油调节阀PV109(<10%)，建立燃料油循环。

⑦ 全开燃料油根部阀D12，引燃料油入火嘴。

⑧ 打开V-108进料阀D08，保持储罐液位为50%。

⑨ 按升温需要逐步开大燃料油调节阀，通过控制燃料油升压(最后到6atm左右)来控制进入火嘴的燃料油量，同时控制PDIC112在4atm左右。

（8）调整至正常：

① 逐步升温使炉出口温度至正常(420℃)。

② 在升温过程中，逐步开大工艺物料线的调节阀，使之流量调整至正常。

③ 在升温过程中，逐步将采暖水流量调至正常。

④ 在升温过程中，逐步调整风门使烟气氧含量正常。

⑤ 逐步调节挡板开度使炉膛负压正常。

⑥ 逐步调整其他参数至正常。

⑦ 将联锁系统投用("INTERLOCK"按钮置"ON")。

2. 正常操作规程

（1）正常工况下主要工艺参数的生产指标：

① 炉出口温度TIC106：420℃。

② 炉膛温度TI104：640℃。

③ 烟道气温度TI105：210℃。

④ 烟道氧含量AR101：4%。

⑤ 炉膛负压PI107：$-2.0mmH_2O(1mmH_2O=9.806Pa)$。

⑥ 工艺物料量FIC101：3072.5kg/h。

⑦ 采暖水流量FIC102：9584kg/h。

⑧ V-105压力PIC101：2atm。

⑨ 燃料油压力PIC109：6atm。

⑩ 雾化蒸汽压差PDIC112：4atm。

（2）TIC106控制方案切换：工艺物料的炉出口温度TIC106可以通过燃料气和燃料油两种方式进行控制。两种方式的切换由HS101切换开关来完成。当HS100切入燃料气控制时，TIC106直接控制燃料气调节阀，燃料油由PIC109单回路自行控制；当HS101切入燃料油控制时，TIC106与PIC109结成串级控制，通过燃料油压力控制燃料油燃烧量。

3. 停车操作规程

（1）停车准备：摘除联锁系统(现场图上按下"联锁不投用")。

（2）降量：

① 通过FIC101逐步降低工艺物料进料量至正常的70%。

② 在FIC101降量过程中，逐步通过减少燃料油压力或燃料气流量，来维持炉出口温度TIC106稳定在420℃左右。

③ 在FIC101降量过程中，逐步降低采暖水FIC102的流量。

④ 在降量过程中，适当调节风门和挡板开度，维持烟气氧含量和炉膛负压。

（3）降温及停燃料油系统：

① 当 FIC101 降至正常量的 70%后，逐步开大燃料油的 V-108 返回阀来降低燃料油压力，降温。

② 待 V-108 返回阀全开后，可逐步关闭燃料油调节阀，再停燃料油泵(P101A/B)。

③ 在降低燃料油压力的同时，降低雾化蒸汽流量，最终关闭雾化蒸汽调节阀。

④ 在以上降温过程中，可适当降低工艺物料进料量，但不可使炉出口温度高于 420℃。

（4）停燃料气及工艺物料：

① 待燃料油系统停完后，关闭 V-105 燃料气入口调节阀(PIC101 调节阀)，停止向 V-105 供燃料气。

② 待 V-105 压力下降至 0.3atm 时，关燃料气调节阀 TV106。

③ 待 V-105 压力降至 0.1atm 时，关长明灯根部阀 D05，灭火。

④ 待炉膛温度低于 150℃时，关 FIC101 调节阀停工艺进料，关 FIC102 调节阀，停采暖水。

（5）炉膛吹扫：

① 灭火后，开吹扫蒸汽，吹扫炉膛 5s(实际 10min)。

② 停吹扫蒸汽后保持风门、挡板一定开度，使炉膛正常通风。

4. 复杂控制系统和联锁系统

（1）炉出口温度控制：TIC106 工艺物流炉出口温度 TIC106 通过一个切换开关 HS101。实现两种控制方案：其一是直接控制燃料气流量，其二是与燃料压力调节器 PIC109 构成串级控制。

（2）炉出口温度联锁：

① 联锁源之一：

a. 工艺物料进料量过低(FIC101<正常值的 50%)。

b. 联锁动作：关闭燃料气入炉电磁阀 S01；关闭燃料油入炉电磁阀 S02；打开燃料油返回电磁阀 S03。

② 联锁源之二：

a. 雾化蒸汽压力过低(低于 1atm)。

b. 联锁动作：关闭燃料油入炉电磁阀 S02；打开燃料油返回电磁阀 S03。

5. 仪表一览表

仪表一览表见表 2-4。

表 2-4　管式加热炉单元仪表

位　号	说　明	类型	正常值	量程上限	量程下限	工程单位	高报	低报	高高报	低低报
AR101	烟气氧含量	AI	4.0	21.0	0.0	%	7.0	1.5	10.0	1.0
FIC101	工艺物料进料量	PID	3072.5	6000.0	0.0	kg/h	4000.0	1500.0	5000.0	1000.0
FIC102	采暖水进料量	PID	9584.0	20000.0	0.0	kg/h	15000.0	5000.0	18000.0	1000.0
LI101	V-105 液位	AI	40~60.0	100.0	0.0	%				
LI115	V-108 液位	AI	40~60.0	100，0	0.0	%				
PIC101	V-105 压力	PID	2.0	4.0	0.0	atm(G)	3.0	1.0	3.5	0.5
PI107	烟膛负压	AI	-2.0	10.0	-10.0	mmH_2O	0.0	-4.0	4.0	-8.0
PIC109	燃料油压力	PID	6.0	10.0	0.0	atm(G)	7.0	5.0	9.0	3.0
PDIC112	雾化蒸汽压差	PID	4.0	10.0	0.0	atm(G)	7.0	2.0	8.0	1.0
TI104	炉膛温度	AI	640.0	1000.0	0.0	℃	700.0	600.0	750.0	400.0
TI105	烟气温度	AI	210.0	400.0	0.0	℃	250.0	100.0	300.0	50.0
TIC106	工艺物料炉	PID	420.0	800.0	0.0	℃	430.0	410.0	460.0	370.0
TI108	燃料油温度	AI		100.0	0.0	℃				
TI134	炉出口温度	AI		800.0	0.0	℃	430.0	400.0	450.0	370.0

续表

位　号	说　　明	类型	正常值	量程上限	量程下限	工程单位	高报	低报	高高报	低低报
TI135	炉出品温度	AI		800.0	0.0	℃	430.0	400.0	450.0	370.0
HS101	切换开关	SW			0					
MI101	风门开度	AI		100.0	0.0	%				
MI102	挡板开度	AI		100.0	0.0	%				
TT106	TIC106 的输入	AI	420.0	800.0	0.0	℃	430.0	400	450.0	370.0
PT109	PIC109 的输入	AI	6.0	10.0	0.0	atm	7.0	5.0	9.0	3.0
FT101	FIC101 的输入	AI	3072.5	6000.0	0.0	kg/h	4000.0	1500.0	5000.0	500.0
FT102	FIC102 的输入	AI	9584.0	20000.0	0.0	kg/h	11000.0	5000.0	15000.0	1000.0
PT101	PIC101 的输入	AI	2.0	4.0	0.0	atm	3.0	1.5	3.5	1.0
PT112	PDIC112 的输入	AI	4.0	10.0	0.0	atm	300.0	150.0	350.0	100.0
FRIQ104	燃料气的流量	AI	209.8	400.0	0.0	Nm^3/h	0.0	-4.0	4.0	-8.0
COMPG	炉膛内可燃气体的含量	AI	0.00	100.0	0.0	%	0.5	0.0	2.0	0.0

三、事故设置一览

1. 燃料油火嘴堵

事故现象：(1)燃料油泵出口压控阀压力忽大忽小；(2)燃料气流量急骤增大。

处理方法：紧急停车。

2. 燃料气压力低

事故现象：(1)炉膛温度下降；(2)炉出口温度下降；(3)燃料气分液罐压力降低。

处理方法：(1)改为烧燃料油控制；(2)通知指导教师联系调度处理。

3. 炉管破裂

事故现象：(1)炉膛温度急骤升高；(2)炉出口温度升高；(3)燃料气控制阀关闭。

处理方法：炉管破裂的紧急停车。

4. 燃料气调节阀卡

事故现象：(1)调节器信号变化时燃料气流量不发生变化；(2)炉出口温度下降。

处理方法：(1)改现场旁路手动控制；(2)通知指导老师联系仪表人员进行修理。

5. 燃料气带液

事故现象：(1)炉膛和炉出口温度先下降；(2)燃料气流量增加；(3)燃料气分液罐液位升高。

处理方法：(1)关燃料气控制阀；(2)改由烧燃料油控制；(3)通知教师联系调度处理。

6. 燃料油带水

事故现象：燃料气流量增加。

处理方法：(1)关燃料油根部阀和雾化蒸汽；(2)改由烧燃料气控制；(3)通知指导教师联系调度处理。

7. 雾化蒸汽压力低

事故现象：(1)产生联锁；(2)PIC109 控制失灵；(3)炉膛温度下降。

处理方法：(1)关燃料油根部阀和雾化蒸汽；(2)直接用温度控制调节器控制炉温；(3)通知指导教师联系调度处理。

8. 燃料油泵 A 停

事故现象：(1)炉膛温度急剧下降；(2)燃料气控制阀开度增加。

处理方法：(1)现场启动备用泵；(2)调节燃料气控制阀的开度。

四、仿真界面

管式加热炉仿真界面见图 2-12、图 2-13 所示。

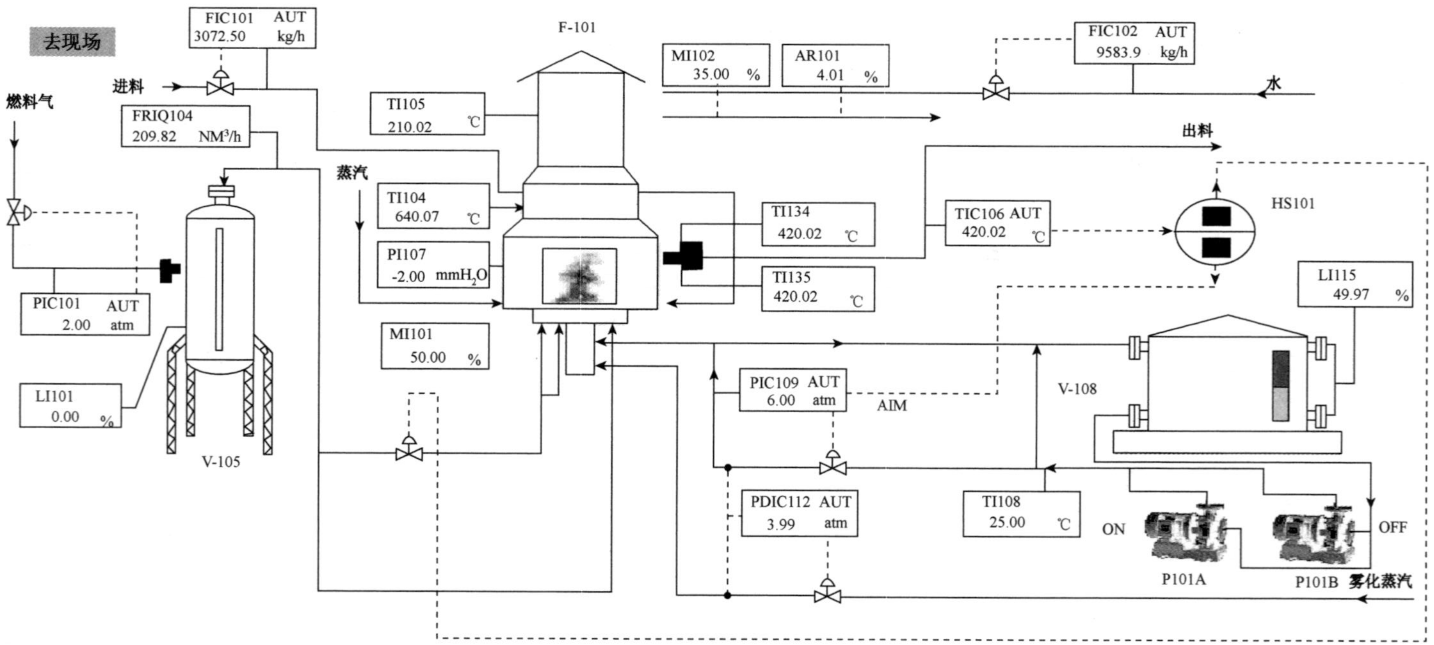

图 2-12 管式加热炉 DCS 界面

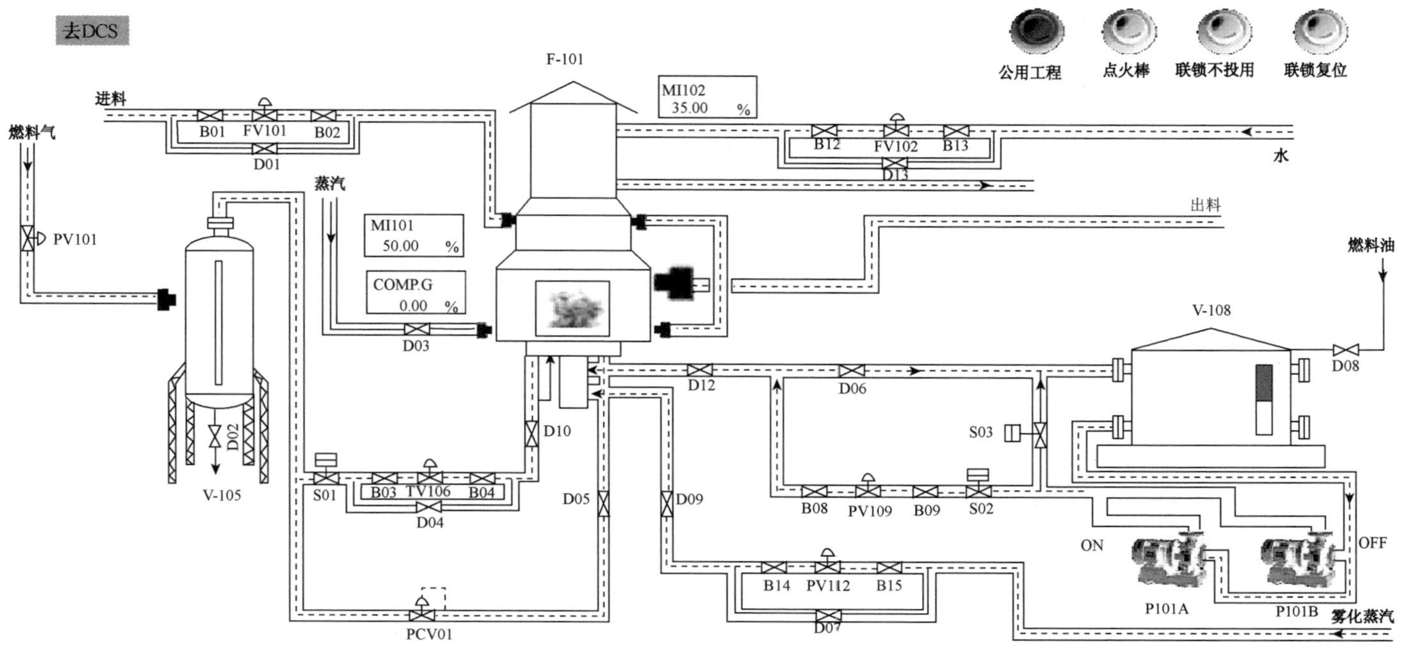

图 2 - 13　管式加热炉现场界面

思考题

1. 什么叫工业炉？按热源可分为几类？

2. 油气混合燃烧炉的主要结构是什么？开/停车时应注意哪些问题？

3. 加热炉在点火前为什么要对炉膛进行蒸汽吹扫？

4. 加热炉点火时为什么要先点燃点火棒，再依次开长明线阀和燃料气阀？

5. 在点火失败后，应做些什么工作？为什么？

6. 加热炉在升温过程中为什么要烘炉？升温速度应如何控制？

7. 加热炉在升温过程中，什么时候引入工艺物料？为什么？

8. 在点燃燃油火嘴时应做哪些准备工作？

9. 雾化蒸气量过大或过小，对燃烧有什么影响？应如何处理？

10. 烟道气出口氧气含量为什么要保持在一定范围？过高或过低意味着什么？

11. 加热过程中风门和烟道挡板的开度大小对炉膛负压和烟道气出口氧气含量有什么影响？

12. 本流程中三个电磁阀的作用是什么？在开/停车时应如何操作？

实训五　精馏塔单元

一、工艺流程说明

1. 工作原理简述

精馏是化工生产中分离互溶液体混合物的典型单元操作，其实质是多级蒸馏，即在一定的压力下，利用互溶液体混合物各组分的沸点或饱和蒸气压不同，液相经多次部分汽化和气相多次部分冷凝，使轻组分(沸点较低或饱和蒸气压较高的组分)不断汽化到气相，重组分不断冷凝到液相，使气相中的轻组分和液相中的重组分浓度逐渐升高，从而实现轻重组分的分离。

精馏过程的主要设备：精馏塔、再沸器、冷凝器、回流罐和输送设备。精馏塔以进料板为界，上部为精馏段，下部为提馏段。一定温度和压力的料液进入精馏塔后，轻组分在精馏段逐渐浓缩，离开塔顶后全部冷凝进入回流罐，一部分作为塔顶产品(也叫馏出液)，另一部分被送入塔内作为回流液。回流液的目的是补充塔板上的轻组分，使塔板上的液体组成保持稳定，保证精馏操作连续稳定地进行。而重组分在提馏段中浓缩后，一部分作为塔釜产品(也叫残液)，一部分则经再沸器加热后送回塔中，为精馏操作提供一定量连续上升的蒸气回流。

2. 工艺说明

本流程是利用精馏过程，将脱丙烷塔釜液中的丁烷从混合物中分离出来。由于丁烷的沸点较低，即其挥发度较高，故丁烷易于从液相中汽化出来，经过精馏塔内多次部分汽化和部分冷凝，达到分离混合物中丁烷的目的。

原料为67.8℃脱丙烷塔的釜液(主要有C_4、C_5、C_6、C_7等)，由脱丁烷塔(DA-405)的第16块板进料(全塔共32块板)，进料量由流量控制器FIC101控制。灵敏板温度由调节器TC101通过调节再沸器加热蒸汽的流量，来控制提馏段灵敏板温度，从而控制丁烷的分离质量。

脱丁烷塔塔釜液(主要为C_5以上馏分)一部分作为产品采出，一部分经再沸器(EA-418A、B)部分汽化为蒸气从塔底入塔。塔釜的液位和塔釜产品采出量由LC101和FC102组成的串级控制器控制，再沸器采用低压蒸汽加热，塔釜蒸汽缓冲罐(FA-414)液位由液位控制器LC102调节，控制底部采出量。

塔顶的上升蒸气(C_4馏分和少量C_5馏分)经塔顶冷凝器(EA-419)全部冷凝成液体，该冷凝液靠位差流入回流罐(FA-408)。塔顶压力采用分程控制(PC102)：在正常的压力波动下，通过调节塔顶冷凝器的冷却水量来调节压力，当压力超高时，压力报警系统发出报警信号，PC102调节塔顶至回流罐的排气量来控制塔顶压力调节气相出料。操作压力4.25atm(G)，高压控制器PC101将调节回流罐的气相排放量，来控制塔内压力稳定。冷凝器以冷却水为载热体，回流罐液位由液位控制器LC103调节塔顶产品采出量，维持液位恒定。回流罐中的液体一部分作为塔顶产品送下一工序，另一部分液体由回流泵(GA-412A、B)送回塔顶作为回流，回流量由流量控制器FC104控制。

3. 本单元复杂控制方案说明

精馏单元复杂控制回路主要是串级回路的使用，在塔釜和塔顶回流罐中都使用了液位与流量串级回路。

串级回路：是在简单调节系统基础上发展起来的，在结构上，串级回路调节系统有两个闭合回路。主、副调节器串联，主调节器的输出为副调节器的给定值，系统通过副调节器的输出操纵调节阀动作，实现对主参数的定值调节。所以在串级回路调节系统中，主回路是定值调节系统，副回路是随动系统。

分程控制：就是由一只调节器的输出信号控制两只或更多的调节阀，每只调节阀在调节器的输出信号的某段范围中工作。

具体实例：

DA405 的塔釜液位控制 LC101 和塔釜出料 FC102 构成一串级回路。

FC102. SP 随 LC101. OP 的改变而变化。

PIC102 为一分程控制器，分别控制 PV102A 和 PV102B，当 PC102. OP 逐渐开大时，PV102A 从 0 逐渐开大到 100，而 PV102B 从 100 逐渐关小至 0。

4. 设备一览

DA-405：脱丁烷塔；

EA-419：塔顶冷凝器；

FA-408：塔顶回流罐；

GA-412A、B：回流泵；

EA-418A、B：塔釜再沸器；

FA-414：塔釜蒸汽缓冲罐。

二、精馏单元操作规程

1. 冷态开车操作规程

装置冷态开工状态为精馏塔单元处于常温、常压氮吹扫完毕后的氮封状态，所有阀门、机泵处于关停状态。

（1）进料过程：

① 开 FA-408 顶放空阀 PC101 排放不凝气，稍开 FIC101 调节阀（不超过 20%），向精馏塔进料。

② 进料后塔内温度略升，压力升高。当调节阀压力（PC101）升至 0.5atm 时，关闭 PC101 调节阀投自动，并控制塔压不超过 4.25atm（如果塔内压力大幅波动，改回手动调节稳定压力）。

（2）启动再沸器：

① 当调节阀压力（PC101）升至 0.5atm 时，打开冷凝水调节阀（PC102）至 50%；塔压基本稳定在 4.25atm 后，可加大塔进料（FIC101 开至 50%左右）。

② 待塔釜液位（LC101）升至 20%以上时，开加热蒸汽入口阀（V13），再稍开 TC101 调节阀，给再沸器缓慢加热，并调节 TC101 阀开度使塔釜液位（LC101）维持在 40%~60%。待 FA-414 液位（LC102）升至 50%时，并投自动，设定值为 50%。

（3）建立回流：

随着塔进料增加和再沸器、冷凝器投用，塔压会有所升高，回流罐逐渐积液。

① 塔压升高时，通过开大 PC102 的输出，改变塔顶冷凝器冷却水量和旁路量来控制塔压稳定。

② 当回流罐液位(LC103)升至 20%以上时，先开回流泵(GA412A/B)的入口阀(V19)，再启动泵，再开出口阀(V17)，启动回流泵。

③ 通过 FC104 的阀开度控制回流量，维持回流罐液位不超高，同时逐渐关闭进料，全回流操作。

（4）调整至正常：

① 当各项操作指标趋近正常值时，打开进料阀(FIC101)。

② 逐步调整进料量(FIC101)至正常值。

③ 通过 TC101 调节再沸器加热量，使灵敏板温度(TC101)达到正常值。

④ 逐步调整回流量(FC104)至正常值。

⑤ 开 FC103 和 FC102 出料，注意塔釜、回流罐液位。

⑥ 将各控制回路投自动，各参数稳定并与工艺设计值吻合后，投产品采出串级。

2. 正常操作规程

（1）正常工况下的工艺参数：

① 进料流量 FIC101 设为自动，设定值为 14056 kg/h。

② 塔釜采出量 FC102 设为串级，设定值为 7349 kg/h，LC101 设自动，设定值为 50%。

③ 塔顶采出量 FC103 设为串级，设定值为 6707 kg/h。

④ 塔顶回流量 FC104 设为自动，设定值为 9664 kg/h。

⑤ 塔顶压力 PC102 设为自动，设定值为 4.25atm，PC101 设自动，设定值为 5.0atm。

⑥ 灵敏板温度 TC101 设为自动，设定值为 89.3 ℃。

⑦ FA-414 液位 LC102 设为自动，设定值为 50%。

⑧ 回流罐液位 LC103 设为自动，设定值为 50%。

（2）主要工艺生产指标的调整方法：

① 质量调节：本系统的质量调节采用以提馏段灵敏板温度作为主参数，以调节再沸器和加热蒸汽流量调节系统，实现对塔的分离质量控制。

② 压力控制：在正常的压力情况下，由塔顶冷凝器的冷却水量来调节压力，当压力高于操作压力 4.25atm(G)时，压力报警系统发出报警信号，同时调节器 PC101 将调节回流罐的气相出料，为了保持同气相出料的相对平衡，该系统采用压力分程调节。

③ 液位调节：塔釜液位由调节塔釜的产品采出量来维持恒定，设有高低液位报警。回流罐液位由调节塔顶产品采出量来维持恒定，设有高低液位报警。

④ 流量调节：进料量和回流量都采用单回路的流量控制；再沸器加热介质流量由灵敏板温度调节。

3. 停车操作规程

（1）降负荷：

① 逐步关小 FIC101 调节阀，降低进料至正常进料量的 70%。

② 在降负荷过程中，保持灵敏板温度 TC101 的稳定性和塔压 PC102 的稳定，使精馏塔

分离出合格产品。

③ 在降负荷过程中，尽量通过 FC103 排出回流罐中的液体产品，至回流罐液位 LC104 在 20%左右。

④ 在降负荷过程中，尽量通过 FC102 排出塔釜产品，使 LC101 降至 30%左右。

(2) 停进料和再沸器：在负荷降至正常的 70%，且产品已大部采出后，停进料和再沸器。

① 关 FIC101 调节阀，停精馏塔进料。

② 关 TC101 调节阀和 V13 或 V16 阀，停再沸器的加热蒸汽。

③ 关 FC102 调节阀和 FC103 调节阀，停止产品采出。

④ 打开塔釜泄液阀 V10，排不合格产品，并控制塔釜降低液位。

⑤ 手动打开 LC102 调节阀，对 FA-114 泄液。

(3) 停回流：

① 停进料和再沸器后，回流罐中的液体全部通过回流泵打入塔，以降低塔内温度。

② 当回流罐液位至 0 时，关 FC104 调节阀，关泵出口阀 V17(或 V18)，停泵 GA412A (或 GA412B)，关入口阀 V19(或 V20)，停回流。

③ 开泄液阀 V10 排净塔内液体。

(4) 降压、降温：

① 打开 PC101 调节阀，将塔压降至接近常压后，关 PC101 调节阀。

② 全塔温度降至 50℃左右时，关塔顶冷凝器的冷却水(PC102 的输出至 0)。

4. 仪表一览表

精馏塔单元仪表一览表见表 2-5。

表 2-5 精馏塔单元仪表一览表

位 号	说 明	类型	正常值	量程高限	量程低限	工程单位
FIC101	塔进料量控制	PID	14056.0	28000.0	0.0	kg/h
FC102	塔釜采出量控制	PID	7349.0	14698.0	0.0	kg/h
FC103	塔顶采出量控制	PID	6707.0	13414.0	0.0	kg/h
FC104	塔顶回流量控制	PID	9664.0	19000.0	0.0	kg/h
PC101	塔顶压力控制	PID	4.25	8.5	0.0	atm
PC102	塔顶压力控制	PID	4.25	8.5	0.0	atm
TC101	灵敏板温度控制	PID	89.3	190.0	0.0	℃
LC101	塔釜液位控制	PID	50.0	100.0	0.0	%
LC102	塔釜蒸汽缓冲罐液位控制	PID	50.0	100.0	0.0	%
LC103	塔顶回流罐液位控制	PID	50.0	100.0	0.0	%
TI102	塔釜温度	AI	109.3	200.0	0.0	℃
TI103	进料温度	AI	67.8	100.0	0.0	℃
TI104	回流温度	AI	39.1	100.0	0.0	℃
TI105	塔顶气温度	AI	46.5	100.0	0.0	℃

三、事故设置一览

1. 加热蒸汽压力过高

原因：加热蒸汽压力过高。

现象：加热蒸汽的流量增大，塔釜温度持续上升。

处理：适当减小 TC101 的阀门开度。

2. 加热蒸汽压力过低

原因：加热蒸汽压力过低。

现象：加热蒸汽的流量减小，塔釜温度持续下降。

处理：适当增大 TC101 的开度。

3. 冷凝水中断

原因：停冷凝水。

现象：塔顶温度上升，塔顶压力升高。

处理：①开回流罐放空阀 PC101 保压。②手动关闭 FC101，停止进料。③手动关闭 TC101，停加热蒸汽。④手动关闭 FC103 和 FC102，停止产品采出。⑤开塔釜排液阀 V10，排不合格产品。⑥手动打开 LIC102，对 FA114 泄液。⑦当回流罐液位为 0 时，关闭 FIC104。⑧关闭回流泵出口阀 V17/V18。⑨关闭回流泵 GA424A/GA424B。⑩关闭回流泵入口阀 V19/V20。⑪待塔釜液位为 0 时，关闭泄液阀 V10。⑫待塔顶压力降为常压后，关闭冷凝器。

4. 停电

原因：停电。

现象：回流泵 GA412A 停止，回流中断。

处理：①手动开回流罐放空阀 PC101 泄压。②手动关进料阀 FIC101。③手动关出料阀 FC102 和 FC103。④手动关加热蒸汽阀 TC101。⑤开塔釜排液阀 V10 和回流罐泄液阀 V23，排不合格产品。⑥手动打开 LIC102，对 FA114 泄液。⑦当回流罐液位为 0 时，关闭 V23。⑧关闭回流泵出口阀 V17/V18。⑨关闭回流泵 GA424A/GA424B。⑩关闭回流泵入口阀 V19/V20。⑪待塔釜液位为 0 时，关闭泄液阀 V10。⑫待塔顶压力降为常压后，关闭冷凝器。

5. 回流泵故障

原因：回流泵 GA-412A 泵坏。

现象：GA-412A 断电，回流中断，塔顶压力、温度上升。

处理：①开备用泵入口阀 V20。②启动备用泵 GA412B。③开备用泵出口阀 V18。④关闭运行泵出口阀 V17。⑤停运行泵 GA412A。⑥关闭运行泵入口阀 V19。

6. 回流控制阀 FC104 阀卡

原因：回流控制阀 FC104 阀卡。

现象：回流量减小，塔顶温度上升，压力增大。

处理：打开旁路阀 V14，保持回流。

四、仿真界面

精馏塔仿真单元仿真界面见图 2-14、图 2-15 所示。

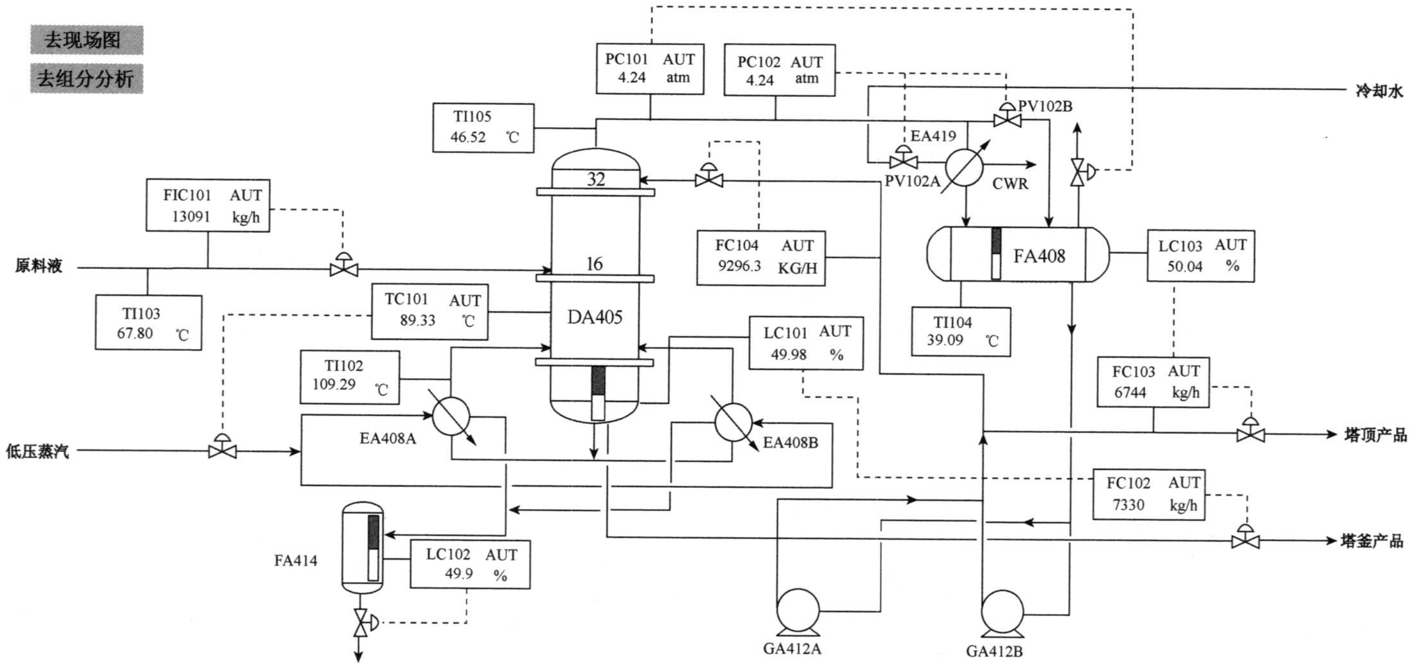

图 2-14 精馏塔 DCS 界面

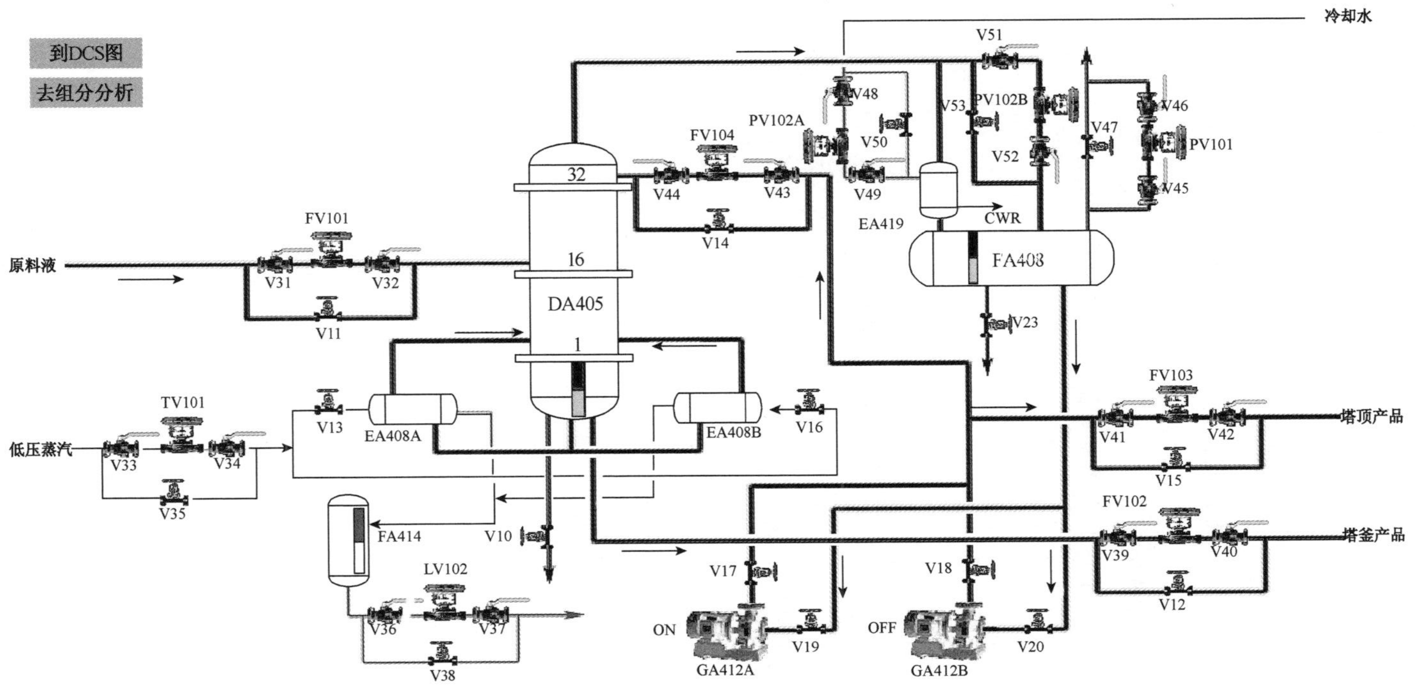

图 2-15　精馏塔现场界面

思考题

1. 什么叫蒸馏？在化工生产中分离什么样的混合物？蒸馏和精馏的关系是什么？

2. 精馏的主要设备有哪些？

3. 在本单元中，如果塔顶温度、压力都超过标准，可以有几种方法将系统调节稳定？

4. 当系统在一较高负荷突然出现大的波动、不稳定，为什么要将系统降到一低负荷的稳态，再重新开到高负荷？

5. 根据本单元的实际，结合“化工原理”讲述的原理，说明回流比的作用。

6. 若精馏塔灵敏板温度过高或过低，则意味着分离效果如何？应通过改变哪些变量来调节至正常？

7. 请分析本流程中如何通过分程控制来调节精馏塔正常操作压力的。

8. 根据本单元的实际，理解串级控制的工作原理和操作方法。

实训六　吸收解吸单元

一、工艺流程说明

1. 工作原理简述

吸收解吸是化工生产过程中用于分离均相气体混合物的单元操作，与蒸馏操作一样是属于气-液两相操作，目的是分离均相混合物。吸收是利用气体混合物中各组分在液体吸收剂中的溶解度不同来分离气体混合物的过程。能够溶解的组分称为溶质或吸收质，要进行分离的混合气体富含溶质称为富气，不被吸收的气体称为贫气，也叫惰性气体或载体。不含溶质的吸收剂称为贫液(或溶剂)，富含溶质的吸收剂称为富液。

当吸收剂与气体混合物接触时，溶质便向液相转移，直至液相中溶质达到饱和，浓度不再增加为止，这种状态称为相平衡。平衡状态下气相中的溶质分压称为平衡分压，吸收过程进行的方向与限度取决于溶质在气液两相中的平衡关系。当溶质在气相中的实际分压高于平衡分压，溶质由气相向液相转移，此过程称为吸收；当溶质在气相中的实际分压低于平衡分压时，溶质从液相逸出到气相，此过程称为解吸，是吸收过程的逆过程。

提高压力、降低温度有利于溶质吸收；降低压力、提高温度有利于溶质解吸。正是利用这一原理，吸收剂可以重复使用。

2. 工艺说明

该单元以 C_6 油为吸收剂，分离气体混合物(其中 C_4：25.13%、CO 和 CO_2：6.26%、N_2：64.58%、H_2：3.5%、O_2：0.53%)中的 C_4 组分(吸收质)。

从界区外来的富气从底部进入吸收塔(T-101)。界区外来的纯 C_6 油吸收剂储存于 C_6 油储罐(D-101)中，由 C_6 油泵(P-101A/B)送入吸收塔(T-101)的顶部，C_6 流量由 FRC103 控制。吸收剂 C_6 油在吸收塔(T-101)中自上而下与富气逆向接触，富气中 C_4 组分被溶解在 C_6 油中。不溶解的贫气自 T-101 顶部排出，经盐水冷却器(E-101)被-4℃的盐水冷却至 2℃进入尾气分离罐(D-102)。吸收了 C_4 组分的富油(C_4：8.2%、C_6：91.8%)从吸收塔底部排出，经贫富油换热器(E-103)预热至 80℃进入解吸塔(T-102)。吸收塔塔釜液位由 LIC101 和 FIC104 通过调节塔釜富油采出量串级控制。

来自吸收塔顶部的贫气在尾气分离罐(D-102)中回收冷凝 C_4、C_6 后，不凝气在D-102 压力控制器 PIC103[1.2MPa(G)]控制下排入放空总管进入大气。回收的冷凝液(C_4、C_6)与吸收塔釜排出的富油一起进入解吸塔(T-102)。

预热后的富油进入解吸塔(T-102)进行解吸分离。塔顶气相出料(C_4：95%)经全冷器(E-104)换热降温至 40℃全部冷凝进入塔顶回流罐(D-103)，其中一部分冷凝液由 P-102A/B泵打回流至解吸塔顶部，回流量 8.0t/h，由 FIC106 控制，其他部分作为 C_4 产品在液位控制(LIC105)下由 P-102A/B 泵抽出。塔釜 C_6 油在液位控制(LIC104)下，经贫富油换热器(E-103)和盐水冷却器(E-102)降温至 5℃返回至 C_6 油储罐(D-101)再利用，返回温度由温度控制器 TIC103 通过调节 E-102 循环冷却水流量控制。

T-102 塔釜温度由 TIC104 和 FIC108 通过调节塔釜再沸器 E-105 的蒸汽流量串级控制，控制温度 102℃。塔顶压力由 PIC-105 通过调节塔顶冷凝器 E-104 的冷却水流量控制，另有一塔顶压力保护控制器 PIC-104，在塔顶有凝气压力高时通过调节 D-103 放空量降压。

因为塔顶 C_4 产品中含有部分 C_6 油及其他 C_6 油损失，所以随着生产的进行，要定期观

察 C_6 油储罐 D-101 的液位，补充新鲜 C_6 油。

3. 本单元复杂控制方案说明

吸收解吸单元复杂控制回路主要是串级回路的使用，在吸收塔、解吸塔和产品罐中都使用了液位与流量串级回路。

串级回路：是在简单调节系统基础上发展起来的。在结构上，串级回路调节系统有两个闭合回路。主、副调节器串联，主调节器的输出为副调节器的给定值，系统通过副调节器的输出操纵调节阀动作，实现对主参数的定值调节。所以在串级回路调节系统中，主回路是定值调节系统，副回路是随动系统。

举例：在吸收塔 T101 中，为了保证液位的稳定，有一塔釜液位与塔釜出料组成的串级回路。液位调节器的输出同时是流量调节器的给定值，即流量调节器 FIC104 的 SP 值由液位调节器 LIC101 的输出 OP 值控制，LIC101. OP 的变化使 FIC104. SP 产生相应的变化。

4. 设备一览

T-101：吸收塔；

D-101：C_6 油储罐；

D-102：气液分离罐；

E-101：吸收塔顶冷凝器；

E-102：循环油冷却器；

P-101A/B：C_6 油供给泵；

T-102：解吸塔；

D-103：解吸塔顶回流罐；

E-103：贫富油换热器；

E-104：解吸塔顶冷凝器；

E-105：解吸塔釜再沸器；

P-102A/B：解吸塔顶回流、塔顶产品采出泵。

二、吸收解吸单元操作规程

1. 开车操作规程

装置的开工状态为吸收塔解吸塔系统均处于常温常压下，各调节阀处于手动关闭状态，各手操阀处于关闭状态，氮气置换已完毕，公用工程已具备条件，可以直接进行氮气充压。

（1）氮气充压：

① 确认所有手阀处于关闭状态。

② 氮气充压：a. 打开氮气充压阀，给吸收塔系统充压。b. 当吸收塔系统压力升至 1.0MPa(G)左右时，关闭氮气充压阀。c. 打开氮气充压阀，给解吸塔系统充压。d. 当吸收塔系统压力升至 0.5MPa(G)左右时，关闭氮气充压阀。

（2）进吸收油：

① 确认：a. 系统充压已结束；b. 所有手阀处于关闭状态。

② 吸收塔系统进吸收油：

a. 打开引油阀 V9 至开度 50%左右，给 C_6 油储罐 D-101 充 C_6 油至液位 70%；

b. 打开 C_6 油泵 P-101A(或 B)的入口阀，启动 P-101A(或 B)；

c. 打开 P-101A(或 B)出口阀，手动打开 FV103 阀至 30%左右给吸收塔 T-101 充液至 50%。充油过程中注意观察 D-101 液位，必要时给 D-101 补充新油。

③ 解吸塔系统进吸收油：a. 手动打开调节阀 FV104 开度至 50%左右，给解吸塔T-102 进吸收油至液位 50%。b. 给 T-102 进油时注意给 T-101 和 D-101 补充新油，以保证D-101 和 T-101 的液位均不低于 50%。

（3）C_6 油冷循环

① 确认：a. 储罐、吸收塔、解吸塔液位 50%左右。b. 吸收塔系统与解吸塔系统保持合适压差。

② 建立冷循环：a. 手动逐渐打开调节阀 LV104，向 D-101 倒油。b. 当向 D-101 倒油时，同时逐渐调整 FV104，以保持 T-102 液位在 50%左右，将 LIC104 设定在 50%设自动。c. 由 T-101 至 T-102 油循环时，手动调节 FV103 以保持 T-101 液位在 50%左右，将 LIC101 设定在 50%投自动。d. 手动调节 FV103，使 FRC103 保持在 13.50t/h，投自动，冷循环 10min。

（4）T-102 回流罐 D-103 灌 C_4：打开 V21 向 D-103 灌 C_4 至液位为 20%。

（5）C_6 油热循环：

① 确认：a. 冷循环过程已经结束。b. D-103 液位已建立。

② T-102 再沸器投用：a. 设定 TIC103 于 5℃，投自动。b. 手动打开 PV105 至 70%。c. 手动控制 PIC105 于 0.5MPa，待回流稳定后再投自动。d. 手动打开 FV108 至 50%，开始给 T-102 加热。

③ 建立 T-102 回流：

a. 随着 T-102 塔釜温度 TIC107 逐渐升高，C_6 油开始汽化，并在 E-104 中冷凝至回流罐 D-103。

b. 当塔顶温度高于 50℃时，打开 P-102A/B 泵的入出口阀 VI25/27、VI26/28，打开 FV106 的前后阀，手动打开 FV106 至合适开度，维持塔顶温度高于 51℃。

c. 当 TIC107 温度指示达到 102℃时，将 TIC107 设定在 102℃投自动，TIC107 和 FIC108 投串级。

d. 热循环 10min。

（6）进富气：

① 确认 C_6 油热循环已经建立。

② 进富气：

a. 逐渐打开富气进料阀 V1，开始富气进料。

b. 随着 T-101 富气进料，塔压升高，手动调节 PIC103 使压力恒定在 1.2MPa(G)。当富气进料达到正常值后，设定 PIC103 于 1.2MPa(G)，投自动。

c. 当吸收了 C_4 的富油进入解吸塔后，塔压将逐渐升高，手动调节 PIC105，维持 PIC105 在 0.5MPa(G)，稳定后投自动。

d. 当 T-102 温度、压力控制稳定后，手动调节 FIC106 使回流量达到正常值 8.0t/h，投自动。

e. 观察 D-103 液位，液位高于 50 时，打开 LIV105 的前后阀，手动调节 LIC105 维持液位在 50%，投自动。

f. 将所有操作指标逐渐调整到正常状态。

2. 正常操作规程

（1）正常工况操作参数：

a. 吸收塔顶压力控制(PIC103)：1.20MPa(G)。

b. 吸收油温度控制(TIC103)：5.0℃。

c. 解吸塔顶压力控制(PIC105)：0.50MPa(G)。

d. 解吸塔顶温度：51.0℃。

e. 解吸塔釜温度控制(TIC107)：102.0℃。

(2) 补充新油：因为塔顶 C_4 产品中含有部分 C_6 油及其他 C_6 油损失，所以随着生产的进行，要定期观察 C_6 油储罐 D-101 的液位，当液位低于 30%时，打开阀 V9 补充新鲜的 C_6 油。

(3) D-102 排液：生产过程中贫气中的少量 C_4 和 C_6 组分积累于尾气分离罐 D-102 中，定期观察 D-102 的液位，当液位高于 70%时，打开阀 V7 将凝液排放至解吸塔 T-102 中。

(4) T-102 塔压控制：正常情况下 T-102 的压力由 PIC-105 通过调节 E-104 的冷却水流量控制。生产过程中会有少量不凝气积累于回流罐(D-103)中使解吸塔系统压力升高，这时 T-102 顶部压力超高，保护控制器(PIC-104)会自动控制排放不凝气，维持压力不会超高。必要时可打手动，打开 PV104 至开度 1%~3%来调节压力。

3. 停车操作规程

(1) 停富气进料：

① 关富气进料阀 V1，停富气进料。

② 富气进料中断后，T-101 塔压会降低，手动调节 PIC103，维持 T-101 压力>1.0MPa(G)。

③ 手动调节 PIC105 维持 T-102 塔压力在 0.20MPa(G)左右。

④ 维持 T-101→T-102→D-101 的 C_6 油循环。

(2) 停吸收塔系统：

① 停 C_6 油进料：

a. 停 C_6 油泵 P-101A/B。

b. 关闭 P-101A/B 入出口阀。

c. FRC103 置手动，关 FV103 前后阀。

d. 手动关 FV103 阀，停 T-101 油进料。

此时应注意保持 T-101 的压力，压力低时可用 N_2 充压，否则 T-101 塔釜 C_6 油无法排出。

② 吸收塔系统泄油：

a. LIC101 和 FIC104 置手动，FV104 开度保持 50%，向 T-102 泄油。

b. 当 LIC101 液位降至 0%时，关闭 FV108。

c. 打开 V7 阀，将 D-102 中的凝液排至 T-102 中。

d. 当 D-102 液位指示降至 0 时，关 V7 阀。

e. 关 V4 阀，中断盐水停 E-101。

f. 手动打开 PV103，吸收塔系统泄压至常压，关闭 PV103。

(3) 停解吸塔系统：

① 停 C_4 产品出料：富气进料中断后，将 LIC105 置手动，关阀 LV105 及其前后阀。

② T-102 塔降温：a. TIC107 和 FIC108 置手动，关闭 E-105 蒸汽阀 FV108，停再沸器 E-105。b. 停止 T-102 加热的同时，手动关闭 PIC105 和 PIC104，保持解吸系统的压力。

③ 停 T-102 回流：

a. 再沸器停用，温度下降至泡点以下后，油不再汽化，当 D-103 液位 LIC105 指示小于 10%时，停回流泵 P-102A/B，关 P-102A/B 的入出口阀。

b. 手动关闭 FV106 及其前后阀，停 T-102 回流。
c. 打开 D-103 泄液阀 V19。
d. 当 D-103 液位指示下降至 0 时，关 V19 阀。
④ T-102 泄油：
a. 手动置 LV104 于 50%，将 T-102 中的油倒入 D-101。
b. 当 T-102 液位 LIC104 指示下降至 10%时，关 LV104。
c. 手动关闭 TV103，停 E-102。
d. 打开 T-102 泄油阀 V18，T-102 液位 LIC104 下降至 0 时，关 V18。
⑤ T-102 泄压：
a. 手动打开 PV104 至开度 50%；开始 T-102 系统泄压。
b. 当 T-102 系统压力降至常压时，关闭 PV104。
(4) 吸收油储罐 D-101 排油：
① 当停 T-101 吸收油进料后，D-101 液位必然上升，此时打开 D-101 排油阀 V10 排污油。
② 直至 T-102 中油倒空，D-101 液位下降至 0，关 V10。

4. 仪表及报警一览表

吸收解吸塔单元仪表及报警一览表见表 2-6。

表 2-6　吸收解吸塔单元仪表及报警一览表

位号	说　明	类型	正常值	量程上限	量程下限	工程单位	高报值	低报值	高高报值	低低报值
AI101	回流罐 C_4 组分	AI	>95.0	100.0	0	%				
FI101	T-101 进料	AI	5.0	10.0	0.	t/h				
FI102	T-101 塔顶气量	AI	3.8	6.0	0	t/h				
FRC103	吸收油流量控制	PID	13.50	20.0	0	t/h	16.0	4.0		
FIC104	富油流量控制	PID	14.70	20.0	0	t/h	16.0	4.0		
FI105	T-102 进料	AI	14.70	20.0	0	t/h				
FIC106	回流量控制	PID	8.0	14.0	0	t/h	11.2	2.8		
FI107	T-101 塔底贫油采出	AI	13.41	20.0	0	t/h				
FIC108	加热蒸汽量控制	PID	2.963	6.0	0	t/h				
LIC101	吸收塔液位控制	PID	50	100	0	%	85	15		
LI102	D-101 液位	AI	60.0	100	0	%	85	15		
LI103	D-102 液位	AI	50.0	100	0	%	65	5		
LIC104	解吸塔釜液位控制	PID	50	100	0	%	85	15		
LIC105	回流罐液位控制	PID	50	100	0	%	85	15		
PI101	吸收塔顶压力显示	AI	1.22	20	0	MPa	1.7	0.3		
PI102	吸收塔塔底压力	AI	1.25	20	0	MPa				
PIC103	吸收塔顶压力控制	PID	1.2	20	0	MPa	1.7	0.3		
PIC104	解吸塔顶压力控制	PID	0.55	1.0	0	MPa				
PIC105	解吸塔顶压力控制	PID	0.50	1.0	0	MPa				
PI106	解吸塔底压力显示	AI	0.53	1.0	0	MPa				
TI101	吸收塔塔顶温度	AI	6	40	0	℃				
TI102	吸收塔塔底温度	AI	40	100	0	℃				
TIC103	循环油温度控制	PID	5.0	50	0	℃	10.0	2.5		
TI104	C_4 回收罐温度显示	AI	2.0	40	0	℃				
TI105	预热后温度显示	AI	80.0	150.0	0	℃				
TI106	吸收塔顶温度显示	AI	6.0	50	0	℃				
TIC107	解吸塔釜温度控制	PID	102.0	150.0	0	℃				
TI108	回流罐温度显示	AI	40.0	100	0	℃				

三、事故设置一览

1. 冷却水中断

主要现象：(1)冷却水流量为0；(2)入口路各阀常开状态。

处理方法：(1)停止进料，关V1阀；(2)手动关PV103保压；(3)手动关FV104，停T-102进料；(4)手动关LV105，停出产品；(5)手动关FV103，停T-101回流；(6)手动关FV106，停T-102回流；(7)关LIC104前后阀，保持液位。

2. 加热蒸汽中断

主要现象：(1)加热蒸汽管路各阀开度正常；(2)加热蒸汽入口流量为0；(3)塔釜温度急剧下降。

处理方法：(1)停止进料，关V1阀；(2)停T-102回流；(3)停D-103产品出料；(4)停T-102进料；(5)关PV103保压；(6)关LIC104前后阀，保持液位。

3. 仪表风中断

主要现象：各调节阀全开或全关。

处理方法：(1)打开FRC103旁路阀V3；(2)打开FIC104旁路阀V5；(3)打开PIC103旁路阀V6；(4)打开TIC103旁路阀V8；(5)打开LIC104旁路阀V12；(6)打开FIC106旁路阀V13；(7)打开PIC105旁路阀V14；(8)打开PIC104旁路阀V15；(9)打开LIC105旁路阀V16；(10)打开FIC108旁路阀V17。

4. 停电

主要现象：(1)泵P-101A/B停；(2)泵P-102A/B停。

处理方法：(1)打开泄液阀V10，保持LI102液位在50%；(2)打开泄液阀V19，保持LI105液位在50%；(3)关小加热油流量，防止塔温上升过高；(4)停止进料，关V1阀。

5. P-101A泵坏

主要现象：(1)FRC103流量降为0；(2)塔顶C4上升，温度上升，塔顶压上升；(3)釜液位下降。

处理方法：(1)停P-101A先关泵后阀，再关泵前阀；(2)开启P-101B，先开泵前阀，再开泵后阀；(3)由FRC-103调至正常值，并投自动。

6. LIC104调节阀卡

主要现象：(1)FI107降至0；(2)塔釜液位上升，并可能报警。

处理方法：(1)关LIC104前后阀VI13、VI14；(2)开LIC104旁路阀V12至60%左右；(3)调整旁路阀V12开度，使液位保持50%。

7. 换热器E-105结垢严重

主要现象：(1)调节阀FIC108开度增大；(2)加热蒸汽入口流量增大；(3)塔釜温度下降，塔顶温度也下降，塔釜C_4组成上升。

处理方法：(1)关闭富气进料阀V1；(2)手动关闭产品出料阀LIC102；(3)手动关闭再沸器后，清洗换热器E-105。

四、仿真界面

吸收解吸单元仿真界面见图2-16~图2-19所示。

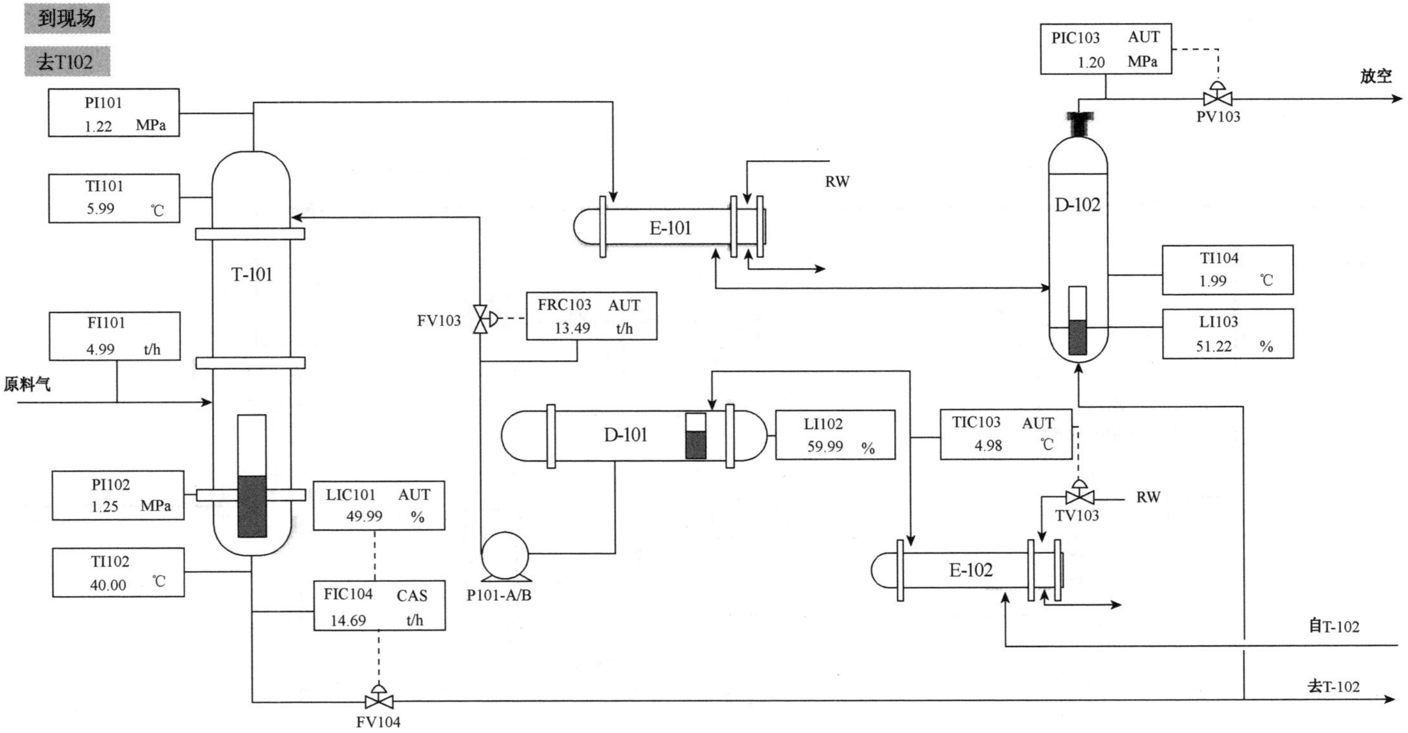

图 2－16　吸收系统 DCS 界面

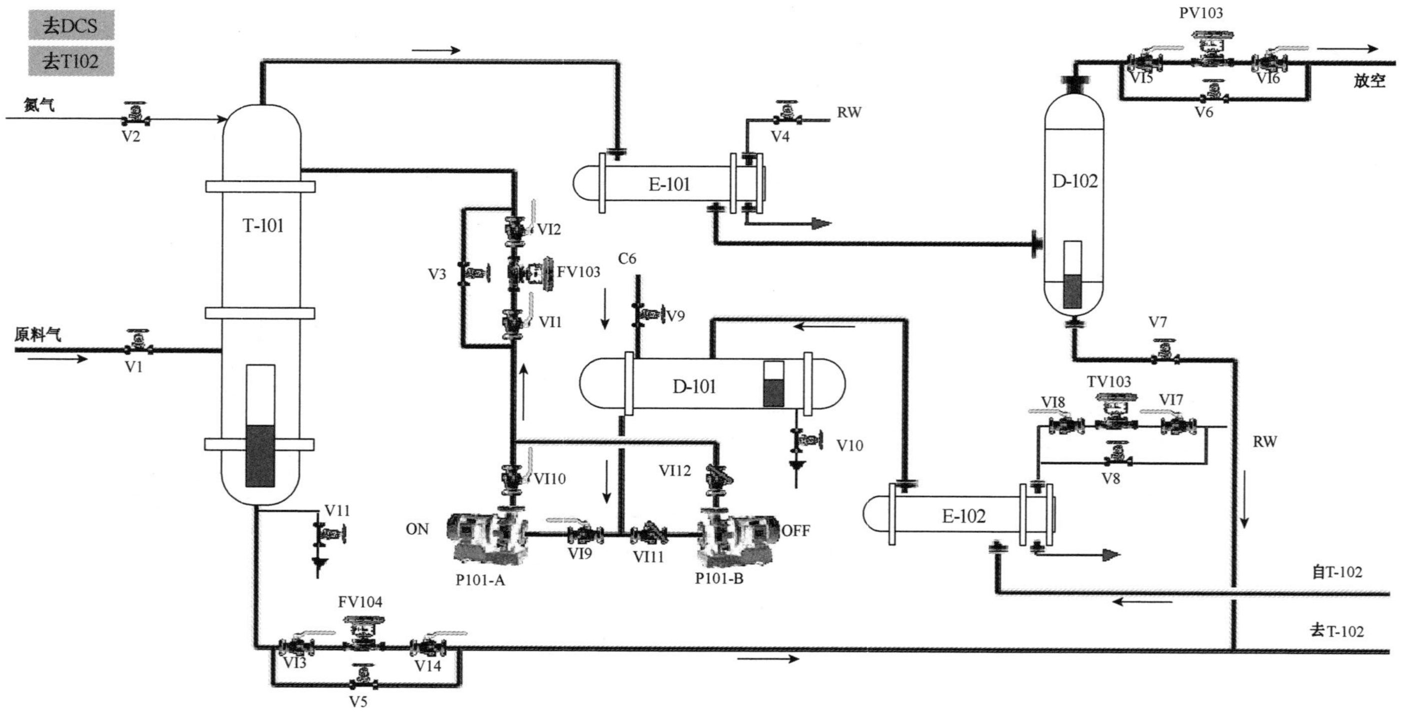

图2－17　吸收系统现场界面

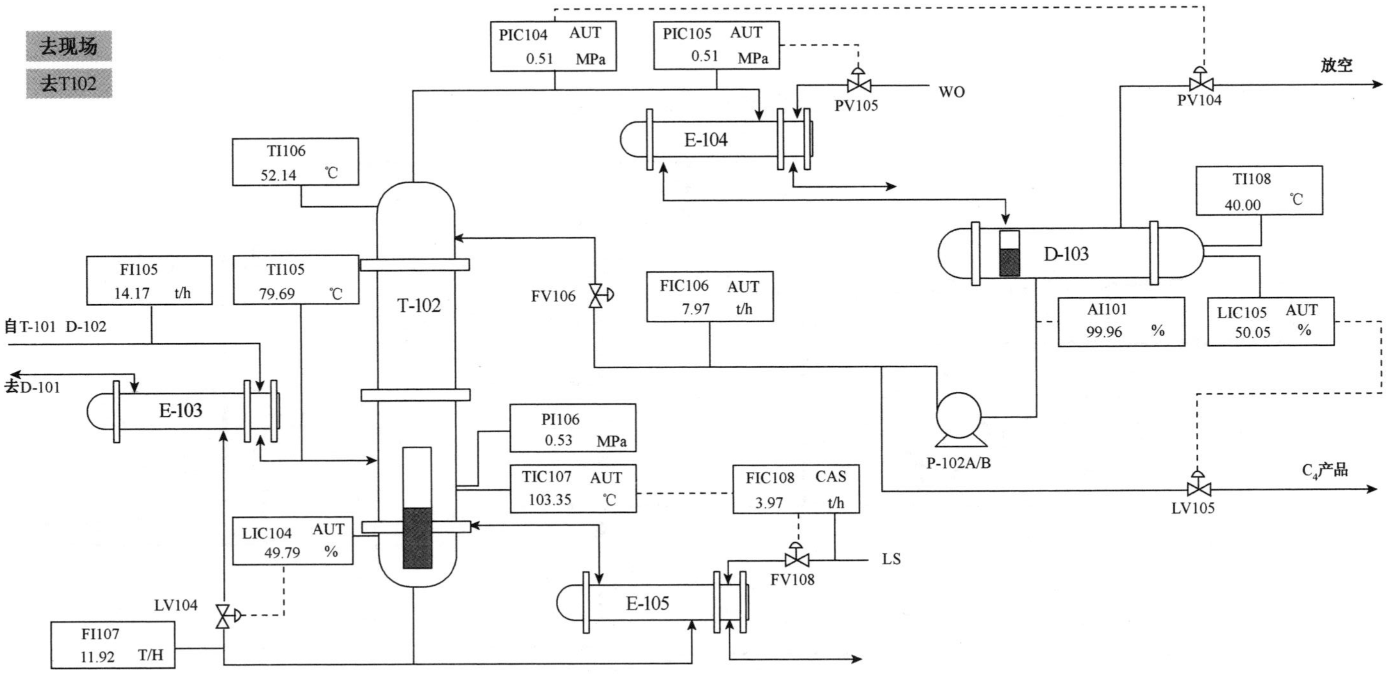

图 2-18 解吸系统 DCS 界面

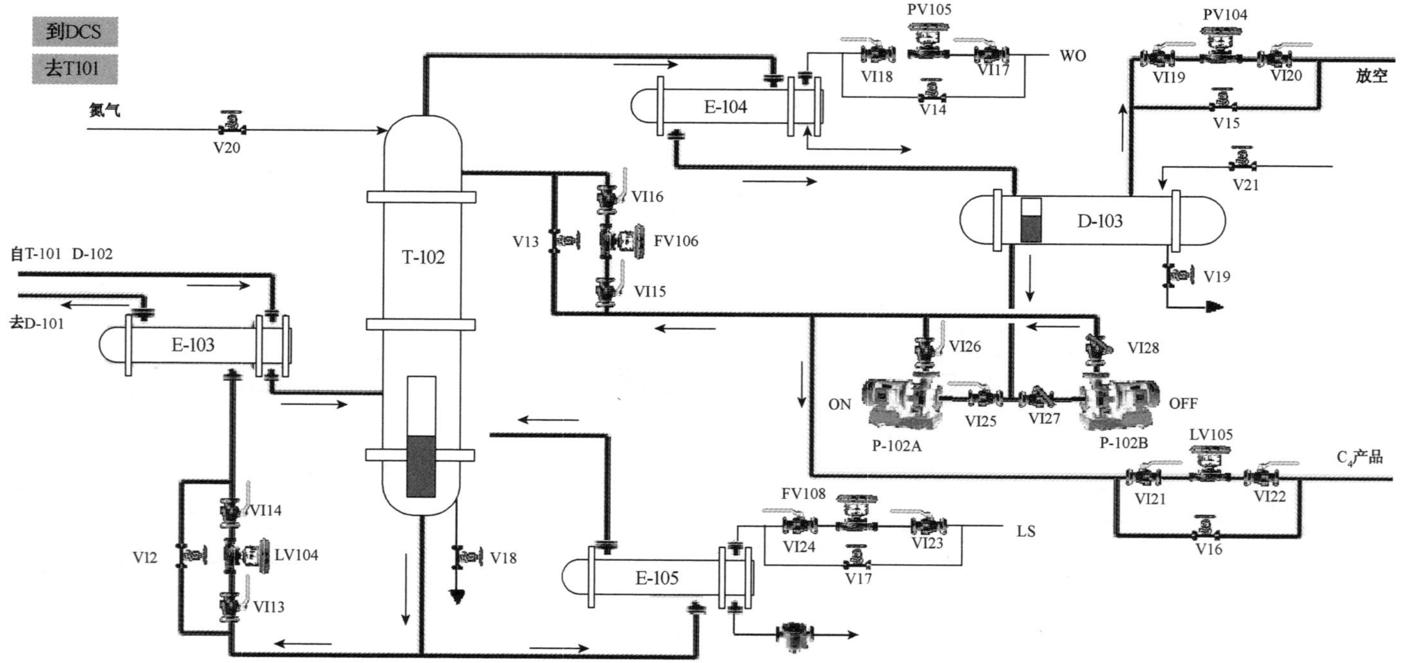

图 2-19 解吸系统现场界面

思考题

1. 吸收岗位的操作是在高压、低温的条件下进行的，为什么说这样的操作条件对吸收过程的进行有利？

2. 请从节能的角度对换热器 E-103 在本单元的作用做出评价？

3. 结合本单元的具体情况，说明串级控制的工作原理。

4. 操作时若发现富油无法进入解吸塔，会有哪些原因导致？应如何调整？

5. 假如本单元的操作已经平稳，这时吸收塔的进料富气温度突然升高，分析会导致什么现象？如果造成系统不稳定，吸收塔的塔顶压力上升(塔顶 C_4 增加)，有几种手段将系统调节正常？

6. 请分析本流程的串级控制；如果请你来设计，还有哪些变量可以通过串级调节控制？这样做的优点是什么？

7. C_6 油储罐进料阀为一手操阀，有没有必要在此设一个调节阀，使进料操作自动化，为什么？

实训七　单级压缩机单元

一、工艺流程说明

1. 工作原理简述

对气体进行压缩和输送的设备统称为气体压送机械，与液体的输送设备类似，是对气体做功以提高气体的压力。气体的输送和压缩设备在化工中十分普遍，主要用于气体输送，产生高压气体和真空。如果以气体压送机械出口气体的压力或压缩比来分类，可大致分为：

通风机：终压 $<1.47\times10^3$Pa(G)，压缩比 $\varepsilon=1\sim1.15$；

鼓风机：终压 $=1.47\times10^3\sim2.94\times10^3$Pa(G)，压缩比 $\varepsilon<4$；

压缩机：终压 $>2.94\times10^3$Pa(G)，压缩比 $\varepsilon>4$；

真空泵：将低于大气压的气体从容器式设备中抽至大气。

气体压送机械按工作原理还可分为容积式和速度式两类。容积式气体压送机械是利用往复运动的活塞或旋转的转子在气缸中改变气体体积来工作的。主要有活塞式、隔膜式、罗茨式、液环式等。速度式气体压送机械是靠高速旋转的叶轮对气体做功，使气体获得动能，再用扩压器降低其速度，使动能转化为静压能，提高出口气体的压力。常见的有离心式、轴流式等。

离心式压缩机是化工生产中使用最多的气体压送机械之一，这主要得益于它具有：结构简单、易损件少、体积小、转速高、运行安全平稳、易实现自动化和大型化等优点。但也有以下缺陷：操作适应性较差、有喘振现象、两机并列操作运行困难。

透平压缩机以汽轮机(蒸汽透平)为动力，蒸汽在汽轮机内膨胀做功驱动压缩机主轴，主轴带动叶轮高速旋转。被压缩气体从轴向进入压缩机叶轮，在高速转动的叶轮作用下随叶轮高速旋转并沿半径方向甩出叶轮，叶轮在汽轮机的带动下高速旋转把所得到的机械能传递给被压缩气体。因此，气体在叶轮内的流动过程中，一方面受离心力作用增加了气体本身的压力，另一方面得到了很大的动能。气体离开叶轮进入流通面积逐渐扩大的扩压器，气体流速急剧下降，动能转化为压力能(势能)，使气体的压力进一步提高，气体被压缩。

在离心压缩机的操作中，有效地防止发生“喘振”是很重要的。“喘振”是实际流量小于性能曲线所表明的最小流量时，所出现的一种不稳定工作状态。“喘振”开始时，因叶轮轴区压力突然下降，吸入口不能吸入足够气体，则出口管外较高压力的气体倒流入压缩机，这使叶轮轴区的气量又复增大，当气量超过最小流量时，压缩机叶轮又把倒流过来的气体压送出去，致使叶轮轴区气量再次减小到最小流量以下，压力又突然下降，压缩机出口管外压力较高的气体又重新倒流入压缩机，这种现象重复出现，压缩机工作不稳定，就叫做“喘振”。

名词解释：

(1) 压缩比：压缩机各段出口压力和进口压力的比值。正常压缩比越大，代表着本级压缩机的额定功率越大。

(2) 喘振：当转速一定，压缩机的进料减少到一定的值，造成叶道中气体的速度不均匀和出现倒流，当这种现象扩展到整个叶道，叶道中的气流流不出去，造成压缩机级中压力突然下降，而级后相对较高的压力将气流倒压回级里，级里的压力又恢复正常，叶轮工作也恢复正常，重新将倒流回的气流压出去。此后，级里压力又突然下降，气流又倒回，这种现象重复出现，压缩机工作不稳定，这种现象称为“喘振”现象。

2. 工艺说明

本仿真培训系统选用甲烷单级透平压缩的典型流程作为仿真对象。

在生产过程中产生的压力为1.2~1.6atm(A)，温度为30℃左右的低压甲烷经VD01阀进入甲烷储罐(FA311)，罐内压力控制在300mmH_2O。甲烷从储罐(FA311)出来，进入压缩机GB301，经过压缩机压缩，出口排出压力为4.03atm(A)、温度为160℃的中压甲烷，然后经过手动控制阀VD06进入燃料系统。

该流程为了防止压缩机发生喘振，设计了由压缩机出口至储罐FA311的返回管路，即由压缩机出口经过换热器EA305和PV304B阀到储罐的管线。返回的甲烷经冷却器EA305冷却。另外储罐FA311有一超压保护控制器PIC303，当FA311中压力超高时，低压甲烷可以经PIC303控制放火炬，使罐中压力降低。压缩机GB301由蒸汽透平GT301同轴驱动，蒸汽透平的供汽为压力15atm(A)的来自管网的中压蒸汽，排汽为压力3atm(A)的低压蒸汽，进入低压蒸汽管网。

流程中共有两套自动控制系统：PIC303为FA311超压保护控制器，当储罐FA311中压力过高时，自动打开放火炬阀。PRC304为压力分程控制系统，当此调节器输出在50%~100%范围内时，输出信号送给蒸汽透平GT301的调速系统，即PV304A，用来控制中压蒸汽的进汽量，使压缩机的转速在3350r/min至4704r/min之间变化，此时PV304B阀全关。当此调节器输出在0~50%范围内时，PV304B阀的开度对应在100%~0范围内变化。透平在起始升速阶段由手动控制器HC311手动控制升速，当转速大于3450r/min时可由切换开关切换到PIC304控制。

3. 本单元复杂控制回路说明

分程控制：就是由一只调节器的输出信号控制两只或更多的调节阀，每只调节阀在调节器的输出信号的某段范围中工作。

应用实例：关于压缩机手动自动切换的说明。

压缩机切换开关的作用：当压缩机切换开关指向HC3011时，压缩机转速由HC3011控制；当压缩机切换开关指向PRC304时，压缩机转速由PRC304控制。PRC304为一分程控制阀，分别控制压缩机转速(主气门开度)和压缩机反喘振线上的流量控制阀。当PRC304逐渐开大时，压缩机转速逐渐上升(主气门开度逐渐加大)，压缩机反喘振线上的流量控制阀逐渐关小，最终关成0(本控制方案属较老的控制方案)。

4. 该单元包括以下设备

FA311：低压甲烷储罐；

GT301：蒸汽透平；

GB301：单级压缩机；

EA305：压缩机冷却器。

二、压缩机单元操作规程

1. 开车操作规程

(1) 开车前准备工作：

① 启动公用工程：按公用工程按钮，公用工程投用。

② 油路开车：按油路按钮。

③ 盘车：a. 按盘车按钮开始盘车；b. 待转速升到 200r/min，停盘车(盘车前先打开 PV304B 阀)。

④ 暖机：按暖机按钮。

⑤ EA305 冷却水投用：打开换热器冷却水阀门 VD05，开度为 50%。

(2) 罐 FA311 充低压甲烷：

① 打开 PIC303 调节阀放火炬，开度为 50%。

② 打开 FA311 入口阀 VD11 开度为 50%、微开 VD01。

③ 打开 PV304B 阀，缓慢向系统充压，调整 FA311 顶部安全阀 VD03 和 VD01，使系统压力维持 300~500mmH_2O。

④ 调节 PIC303 阀门开度，使压力维持在 0.1atm。

(3) 透平单级压缩机开车：

① 手动升速：

a. 缓慢打开透平低压蒸汽出口截止阀 VD10，开度递增级差保持在 10%以内。

b. 将调速器切换开关切到 HC3011 方向。

c. 手动缓慢打开 HC3011，开始压缩机升速，开度递增级差保持在 10%以内。使透平压缩机转速在 250~300r/min。

② 跳闸实验(视具体情况决定此操作的进行)：

a. 继续升速至 1000r/min。

b. 按动紧急停车按钮进行跳闸实验，实验后压缩机转速 XN311 迅速下降为零。

c. 手关 HC3011，开度为 0.0%，关闭蒸汽出口阀 VD10，开度为 0.0%。

d. 按压缩机复位按钮。

③ 重新手动升速：

a. 重复“透平单级压缩机开车手动升速步骤”，缓慢升速至 1000r/min。

b. HC3011 开度递增级差保持在 10%以内，升转速至 3350r/min。

c. 进行机械检查。

④ 启动调速系统：

a. 将调速器切换开关切到 PIC304 方向。

b. 缓慢打开 PV304A 阀(即 PIC304 阀门开度大于 50.0%)，若阀开得太快会发生喘振。同时可适当打开出口安全阀旁路阀(VD13)调节出口压力，使 PI301 压力维持在 3.03atm，防止喘振发生。

⑤ 调节操作参数至正常值：

a. 当 PI301 压力指示值为 3.03atm 时，一边关出口放火炬旁路阀，一边打开 VD06 去燃料系统阀，同时相应关闭 PIC303 放火炬阀。

b. 控制入口压力 PIC304 在 300mmH_2O，慢慢升速。

c. 当转速达全速(4480r/min 左右)，将 PIC304 切为自动。

d. PIC303 设定为 0.1atm(G)，投自动。

e. 顶部安全阀 VD03 缓慢关闭。

2. 正常操作规程

(1) 正常工况下工艺参数：

① 储罐 FA311 压力 PIC304：295mmH_2O。

② 压缩机出口压力 PI301：3.03atm，燃料系统入口压力 PI302：2.03atm。

③ 低压甲烷流量 FI301：3232.0kg/h。

④ 中压甲烷进入燃料系统流量 FI302：3200.0kg/h。

⑤ 压缩机出口中压甲烷温度 TI302：160.0℃。

(2) 压缩机防喘振操作：

① 启动调速系统后必须缓慢开启 PV304A 阀，此过程中可适当打开出口安全阀旁路阀调节出口压力，以防喘振发生。

② 当有甲烷进入燃料系统时，应关闭 PIC303 阀。

③ 当压缩机转速达全速时，应关闭出口安全旁路阀。

3. 停车操作规程

(1) 正常停车过程：

① 停调速系统

a. 缓慢打开 PV304B 阀，降低压缩机转速。

b. 打开 PIC303 阀排放火炬。

c. 开启出口安全旁路阀 VD13，同时关闭去燃料系统阀 VD06。

② 手动降速：

a. 将 HC3011 开度置为 100.0%。

b. 将调速开关切换到 HC3011 方向。

c. 缓慢关闭 HC3011，同时逐渐关小透平蒸汽出口阀 VD10。

d. 当压缩机转速降为 300~500r/min 时，按紧急停车按扭。

e. 关闭透平蒸汽出口阀 VD10。

③ 停 FA311 进料：

a. 关闭 FA311 入口阀 VD01、VD11。

b. 开启 FA311 泄料阀 VD07，泄液。

c. 关换热器冷却水。

(2) 紧急停车：

① 按紧急停车按钮。

② 确认 PV304B 阀及 PIC303 置于打开状态。

③ 关闭透平蒸汽入口阀及出口阀。

④ 甲烷气由 PIC303 排放火炬。

⑤ 其余同正常停车。

4. 联锁说明

该单元有一联锁。

(1) 联锁源：

① 现场手动紧急停车(紧急停车按钮)。

② 压缩机喘振。

(2) 联锁动作：

① 关闭透平主汽阀及蒸汽出口阀。

② 全开放空阀 PV303。

③ 全开防喘振线上 PV304B 阀。

该联锁有一现场旁路键(BYPASS)，另有一现场复位键(RESET)。

注：联锁发生后在复位前(RESET)，应首先将 HC3011 置零，将蒸汽出口阀 VD10 关闭，同时各控制点应置手动，并设成最低值。

5. 仪表一览表

单级压缩机单元仪表一览表见表 2-7。

表 2-7 单级压缩机单元仪表一览表

位号	说明	类型	正常值	量程上限	量程下限	工程单位
PIC303	放火炬控制系统	PID	0.1	4.0	0.0	atm
PIC304	储罐压力控制系统	PID	295.0	40000.0	0.0	mmH_2
PI301	压缩机出口压力	AI	3.03	5.0	0.0	atm
PI302	燃料系统入口压力	AI	2.03	5.0	0.0	atm
FI301	低压甲烷进料流量	AI	3233.4	5000.0	0.0	kg/h
FI302	燃料系统入口流量	AI	3201.6	5000.0	0.0	kg/h
FI303	低压甲烷入罐流量	AI	3201.6	5000.0	0.0	kg/h
FI304	中压甲烷回流流量	AI	0.0	5000.0	0.0	kg/h
TI301	低压甲烷入压缩机温度	AI	30.0	200.0	0.0	℃
TI302	压缩机出口温度	AI	160.0	200.0	0.0	℃
TI304	透平蒸汽入口温度	AI	290.0	400.0	0.0	℃
TI305	透平蒸汽出口温度	AI	200.0	400.0	0.0	℃
TI306	冷却水入口温度	AI	30.0	100.0	0.0	℃
TI307	冷却水出口温度	AI	30.0	100.0	0.0	℃
XN301	压缩机转速	AI	4480	4500	0	r/min
HX311	FA311 罐液位	AI	50.0	100.0	0.0	%

三、事故现象与处理方法

1. 入口压力过高

主要现象：FA311 罐中压力上升。

处理方法：手动适当打开 PV303 的放火炬阀。

2. 出口压力过高

主要现象：压缩机出口压力上升。

处理方法：开大去燃料系统阀 VD06。

3. 入口管道破裂

主要现象：储罐 FA311 中压力下降。

处理方法：开大 FA311 入口阀 VD01、VD11。

4. 出口管道破裂

主要现象：压缩机出口压力下降。

处理方法：紧急停车。

5. 入口温度过高

主要现象：TI301 及 TI302 指示值上升。

处理方法：紧急停车。

四、仿真界面

单级压缩机单元仿真界面见图 2-20、图 2-21 所示。

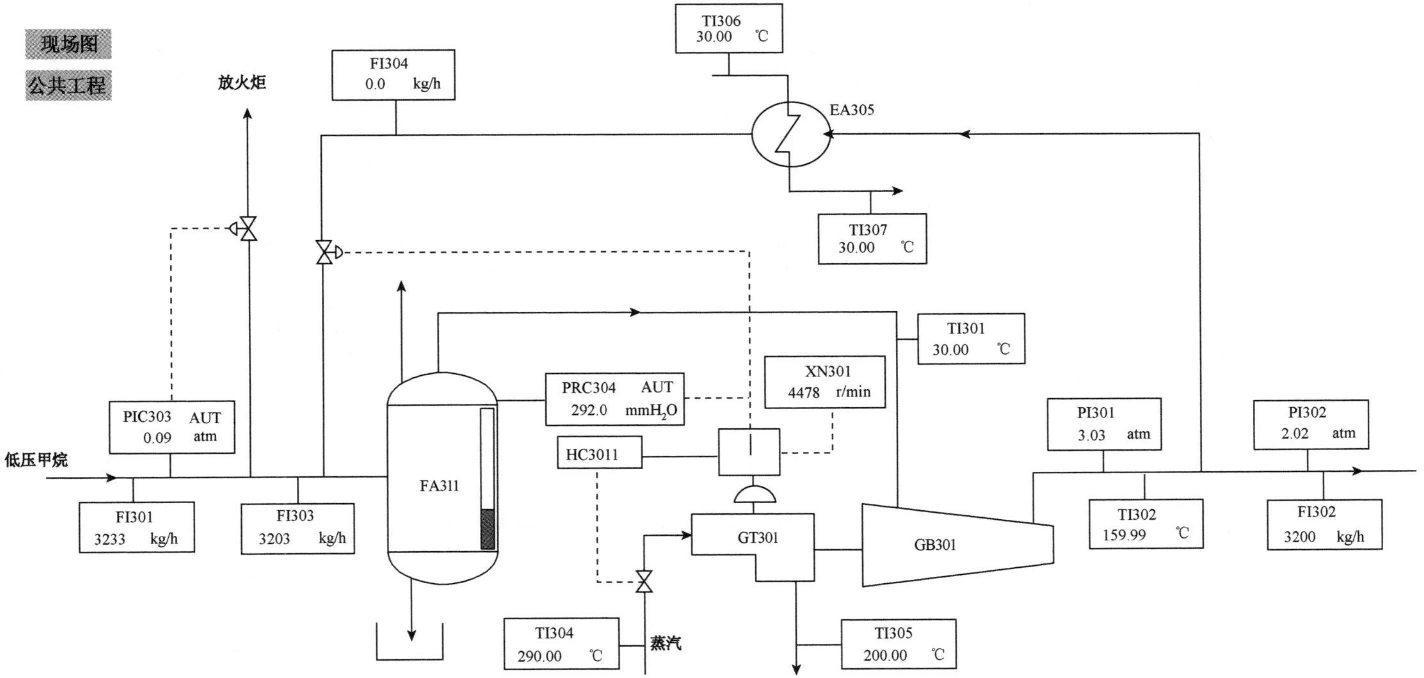

图 2-20 压缩机 DCS 界面

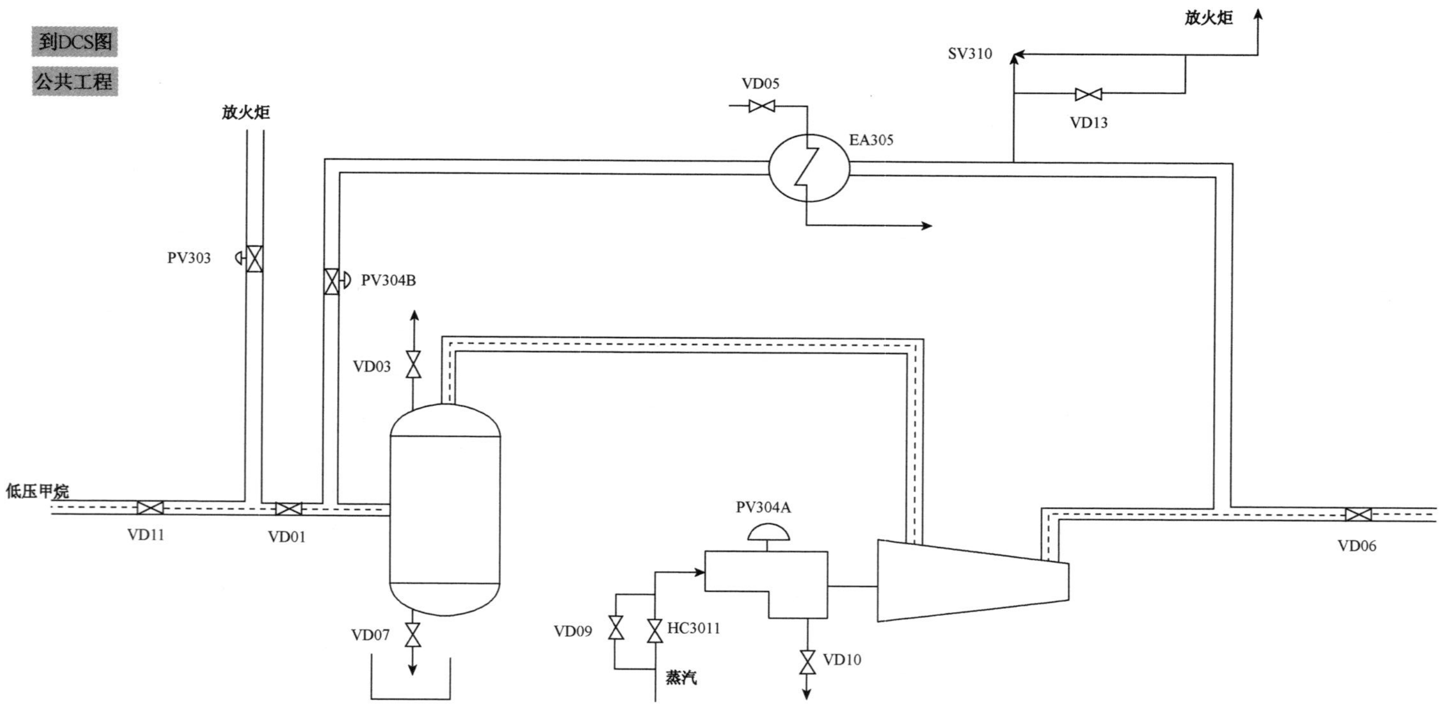

图 2－21　压缩机现场界面

思考题

1. 什么是喘振？如何防止喘振？
2. 在手动调速状态，为什么防喘振线上的防喘振阀 PV304B 全开，可以防止喘振？
3. 结合“伯努利”方程，说明压缩机如何做功如何？进行动能、压力和温度之间的转换？
4. 根据本单元，理解盘车、手动升速、自动升速的概念。
5. 离心式压缩机的优点是什么？

实训八　间歇釜反应器单元

一、工艺流程简述

化工生产过程与其他生产过程的本质区别是有化学反应发生，并且化学反应过程是化工生产的核心，其所用设备反应器是化工生产中的关键性设备，是人们通过一定的手段抑制副反应、提高转化率和生产能力的化学反应设备。

釜式反应器又称槽式反应器或锅炉反应器，按选用的材质不同，可分为钢制釜式反应器、铸铁釜式反应器、搪瓷和玻璃釜式反应器等。釜式反应器在化工生产中具有较大的灵活性，能进行多品种的生产，既适用于间歇操作过程，又可单釜或多釜串联适用于连续操作过程。它具有适用的温度，压力范围宽，操作弹性大，连续操作时温度、浓度易控制，产品质量均一等特点。但若应用在转化率要求较高的场合时，则需要较大的容积。

（1）工艺说明：

间歇反应在助剂、制药、染料等行业的生产过程中很常见。本工艺过程的产品(2-巯基苯并噻唑)就是橡胶制品硫化促进剂2，2-二硫代苯并噻唑(DM)的中间产品，它本身也是硫化促进剂，但活性不如DM。

全流程的缩合反应包括备料工序和缩合工序。考虑到突出重点，将备料工序略去。缩合工序共有三种原料，多硫化钠(Na_2Sn)、邻硝基氯苯($C_6H_4ClNO_2$)及二硫化碳(CS_2)。

主反应如下：

$$2C_6H_4NClO_2+Na_2S_n \longrightarrow C_{12}H_8N_2S_2O_4+2NaCl+(n-2)S\downarrow$$

$$C_{12}H_8N_2S_2O_4+2CS_2+2H_2O+3Na_2S_n \longrightarrow 2C_7H_4NS_2Na+2H_2S\uparrow+3Na_2S_2O_3+(3n+4)S\downarrow$$

副反应如下：

$$C_6H_4NClO_2+Na_2S_n+H_2O \longrightarrow C_6H_6NCl+Na_2S_2O_3+S\downarrow$$

工艺流程如下：来自备料工序的CS_2、$C_6H_4ClNO_2$、Na_2S_n分别注入计量罐及沉淀罐中，经计量沉淀后利用位差及离心泵压入反应釜中，釜温由夹套中的蒸汽、冷却水及蛇管中的冷却水控制，设有分程控制TIC101(只控制冷却水)，通过控制反应釜温来控制反应速度及副反应速度，来获得较高的收率及确保反应过程安全。

在本工艺流程中，主反应的活化能比副反应的活化能要高，因此升温后更利于反应收率。在90℃的时候，主反应和副反应的速度比较接近，因此，要尽量延长反应温度在90℃以上时的时间，以获得更多的主反应产物。

（2）设备一览：

R01：间歇反应釜；

VX01：CS_2计量罐；

VX02：邻硝基氯苯计量罐；

VX03：Na_2S_n沉淀罐；

PUMP1：离心泵。

二、间歇反应器单元操作规程

1. 开车操作规程

装置开工状态为各计量罐、反应釜、沉淀罐处于常温、常压状态，各种物料均已备好，大部分阀门、机泵处于关停状态(除蒸汽联锁阀外)。

(1) 备料过程：

① 向沉淀罐 VX03 进料(Na_2S_n)：a. 开阀门 V9，向罐 VX03 充液。b. VX03 液位接近 3.60m 时，关小 V9，至 3.60m 时关闭 V9。c. 静置 4min(实际 4h)备用。

② 向计量罐 VX01 进料(CS_2)：

a. 开放空阀门 V2。

b. 开溢流阀门 V3。

c. 开进料阀 V1，开度约为 50%，向罐 VX01 充液。液位接近 1.4m 时，可关小 V1。

d. 溢流标志变绿后，迅速关闭 V1。

e. 待溢流标志再度变红后，可关闭溢流阀 V3。

③ 向计量罐 VX02 进料(邻硝基氯苯)：

a. 开放空阀门 V6。

b. 开溢流阀门 V7。

c. 开进料阀 V5，开度约为 50%，向罐 VX01 充液。液位接近 1.2m 时，可关小 V5。

d. 溢流标志变绿后，迅速关闭 V5。

e. 待溢流标志再度变红后，可关闭溢流阀 V7。

(2) 进料：

① 微开放空阀 V12，准备进料。

② 从 VX03 中向反应器 RX01 中进料(Na_2S_n)

a. 打开泵前阀 V10，向进料泵 PUM1 中充液。

b. 打开进料泵 PUM1。

c. 打开泵后阀 V11，向 RX01 中进料。

d. 至液位小于 0.1m 时停止进料，关泵后阀 V11。

e. 关泵 PUM1。

f. 关泵前阀 V10。

③ 从 VX01 中向反应器 RX01 中进料(CS_2)：

a. 检查放空阀 V2 开放。

b. 打开进料阀 V4 向 RX01 中进料。

c. 待进料完毕后关闭 V4。

④ 从 VX02 中向反应器 RX01 中进料(邻硝基氯苯)：

a. 检查放空阀 V6 开放。

b. 打开进料阀 V8 向 RX01 中进料。

c. 待进料完毕后关闭 V8。

⑤ 进料完毕后关闭放空阀 V12。

(3) 开车阶段：

① 检查放空阀 V12. 进料阀 V4、V8、V11 是否关闭。打开联锁控制。

② 开启反应釜搅拌电机 M1。

③ 适当打开夹套蒸汽加热阀 V19，观察反应釜内温度和压力上升情况，保持适当的升温速度。

④ 控制反应温度直至反应结束。

（4）反应过程控制：

① 当温度升至 55~65℃左右关闭 V19，停止通蒸汽加热。

② 当温度升至 70~80℃左右时微开 TIC101(冷却水阀 V22. V23)，控制升温速度。

③ 当温度升至 110℃以上时是反应剧烈的阶段，应小心加以控制，防止超温。当温度难以控制时，打开高压水阀 V20，并可关闭搅拌器 M1 以使反应降速。当压力过高时，可微开放空阀 V12 以降低气压，但放空会使 CS_2 损失，污染大气。

④ 反应温度大于 128℃时，相当于压力超过 8atm，已处于事故状态，如联锁开关处于“on”的状态，联锁起动(开高压冷却水阀，关搅拌器，关加热蒸汽阀)。

⑤ 压力超过 15atm(相当于温度大于 160℃)，反应釜安全阀作用。

2. 热态开车操作规程

（1）反应中要求的工艺参数：

① 反应釜中压力不大于 8atm。

② 冷却水出口温度不小于 60℃，如小于 60℃易使硫在反应釜壁和蛇管表面结晶，使传热不畅。

（2）主要工艺生产指标的调整方法

① 温度调节：操作过程中以温度为主要调节对象，以压力为辅助调节对象。升温慢会引起副反应速度大于主反应速度的时间段过长，因而引起反应的产率低。升温快则容易反应失控。

② 压力调节：压力调节主要是通过调节温度实现的，但在超温的时候可以微开放空阀，使压力降低，以达到安全生产的目的。

③ 收率：由于在 90℃以下时，副反应速度大于正反应速度，因此在安全的前提下快速升温是收率高的保证。

3. 停车操作规程

在冷却水量很小的情况下，反应釜的温度下降仍较快，则说明反应接近尾声，可以进行停车出料操作了。

① 打开放空阀 V12 约 5~10s，放掉釜内残存的可燃气体，关闭 V12。

② 向釜内通增压蒸汽：a. 打开蒸汽总阀 V15。b. 打开蒸汽加压阀 V13 给釜内升压，使釜内气压高于 4atm。

③ 打开蒸汽预热阀 V14 片刻。

④ 打开出料阀门 V16 出料。

⑤ 出料完毕后保持开 V16 约 10s 进行吹扫。

⑥ 关闭出料阀 V16(尽快关闭，超过 1min 不关闭将不能得分)。

⑦ 关闭蒸汽阀 V15。

4. 仪表及报警一览表

间歇釜反应器单元仪表及报警一览表见表 2-8。

表 2-8 间歇釜反应器单元仪表及报警一览表

位号	说明	类型	正常值	量程高限	量程低限	工程单位	高报	低报	高高报	低低报
TIC101	反应釜温度控制	PID	115	500	0	℃	128	25	150	10
TI102	反应釜夹套冷却水温度	AI		100	0	℃	80	60	90	20
TI103	反应釜蛇管冷却水温度	AI		100	0	℃	80	60	90	20
TI104	CS_2计量罐温度	AI		100	0	℃	80	20	90	10
TI105	邻硝基氯苯罐温度	AI		100	0	℃	80	20	90	10
TI106	多硫化钠沉淀罐温度	AI		100	0	℃	80	20	90	10
LI101	CS_2计量罐液位	AI		1.75	0	m	1.4	0	1.75	0
LI102	邻硝基氯苯罐液位	AI		1.5	0	m	1.2	0	1.5	0
LI103	多硫化钠沉淀罐液位	AI		4	0	m	3.6	0.1	4.0	0
LI104	反应釜液位	AI		3.15	0	m	2.7	0	2.9	0
PI101	反应釜压力	AI		20	0	atm	8	0	12	0

三、事故设置一览

1. 超温(压)事故

原因：反应釜超温(超压)。

现象：温度大于 128℃(气压大于 8atm)。

处理：(1)开大冷却水，打开高压冷却水阀 V20。(2)关闭搅拌器 PUM1，使反应速度下降。(3)如果气压超过 12atm，打开放空阀 V12。

2. 搅拌器 M1 停转

原因：搅拌器坏。

现象：反应速度逐渐下降为低值，产物浓度变化缓慢。

处理：停止操作，出料维修。

3. 冷却水阀 V22. V23 卡住(堵塞)

原因：蛇管冷却水阀 V22 卡。

现象：开大冷却水阀对控制反应釜温度无作用，且出口温度稳步上升。

处理：开冷却水旁路阀 V17 调节。

4. 出料管堵塞

原因：出料管硫黄结晶，堵住出料管。

现象：出料时内气压较高，但釜内液位下降很慢。

处理：开出料预热蒸汽阀 V14 吹扫 5min 以上(仿真中采用)。拆下出料管用火烧化硫黄，或更换管段及阀门。

5. 测温电阻连线故障

原因：测温电阻连线断。

现象：温度显示置零。

处理：改用压力显示对反应进行调节(调节冷却水用量)；升温至压力为 0.3~0.75atm 就停止加热；升温至压力为 1.0~1.6atm 开始通冷却水；压力为 3.5~4atm 以上为反应剧烈阶段；反应压力大于 7atm，相当于温度大于 128℃处于故障状态；反应压力大于 10atm，反应器联锁起动；反应压力大于 15atm，反应器安全阀起动(以上压力为表压)。

四、仿真界面

间歇反应釜单元仿真界面见图 2-22、图 2-23 所示。

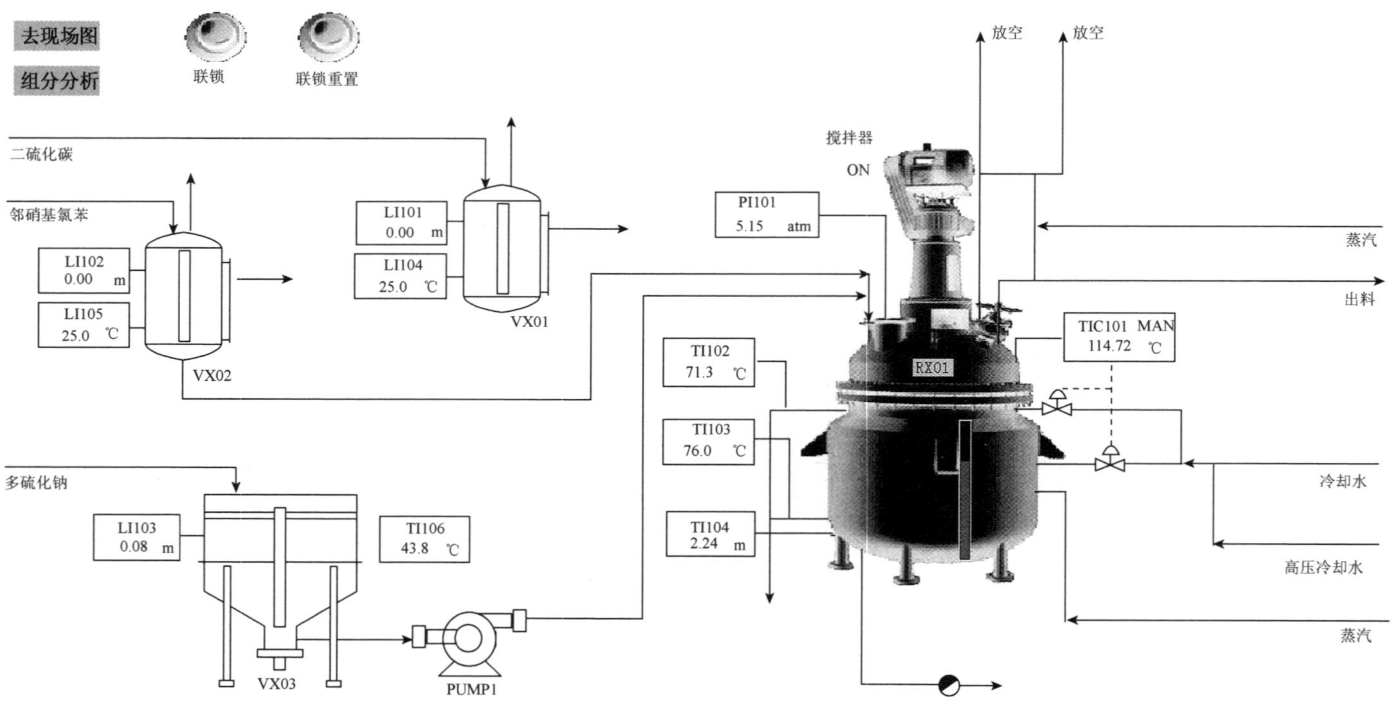

图 2－22　间歇反应釜 DCS 界面

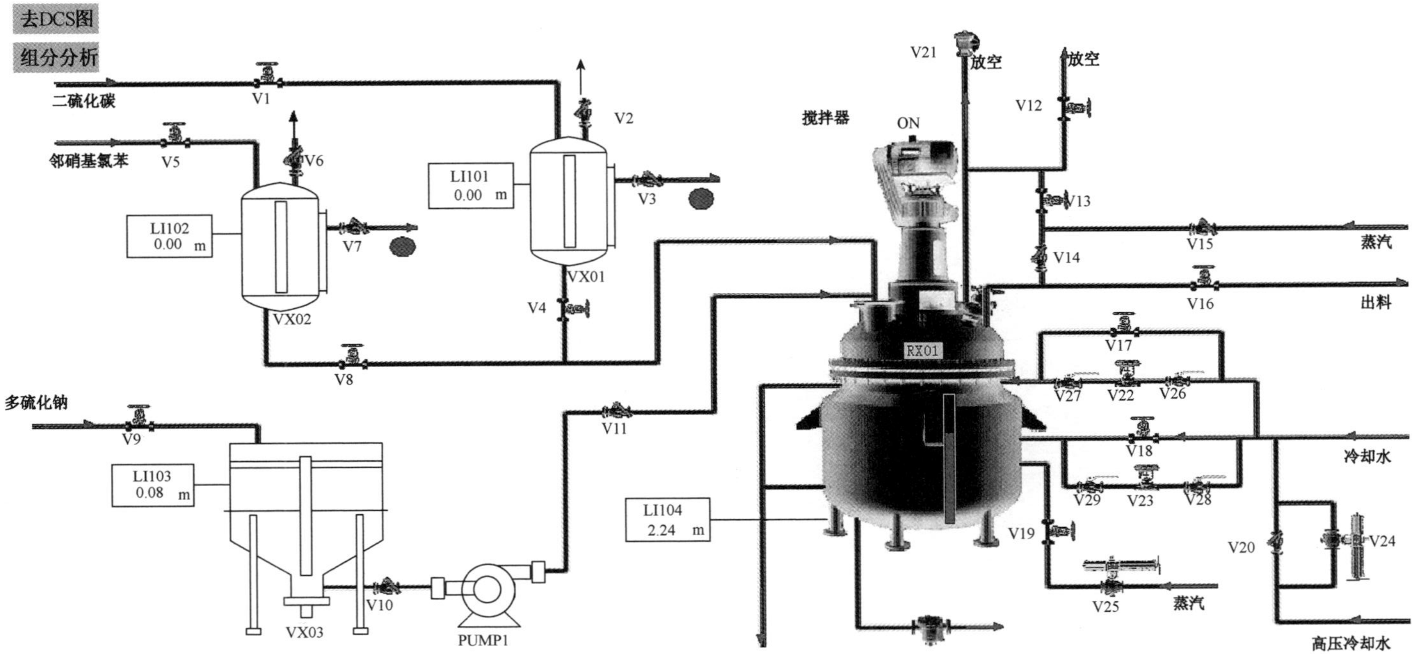

图 2－23　间歇反应釜现场界面

思考题

1. 反应釜超温(超压)如何处理?
2. 反应温度和压力如何控制?
3. 如何有效地提高收率?

实训九　固定床反应器单元

一、工艺流程说明

1. 工作原理简述

反应器是化工生产中的关键设备，是人们通过一定的手段抑制副反应，提高转化率和生产能力的化学反应设备。在反应器内不仅有化学变化过程，还有传质和传热过程。按反应物系聚集状态可分为均相和非均相反应器；按换热方式分类有绝热式、对外换热式和自热式；按反应器结构形式又可分为釜式、管式、塔式、固定床和流化床等反应器。

凡是流体通过静态固体颗粒形成的床层而进行化学反应的设备都称作固定床反应器，有气-固相催化反应器和液-固相非催化反应器两种，其中尤以利用气态的反应物料，通过由固体催化剂所构成的催化床层进行化学反应的气-固相催化反应器，在化工生产中应用最为广泛。液-固相非催化反应器指气相反应物料流经静态固相反应物料并发生化学反应的反应器。

气-固相催化反应器的主要优点：床内流体呈理想置换流动，流体停留时间可严格控制，温度分布可适当调节，催化剂用量少，反应器体积小，催化剂颗粒不易磨损，可在高温高压下操作等。其主要缺点：流体流速不能太大，传热性能差，温度分布不易控制均匀，在放热反应中，换热式反应器轴向位置存在“热点”，易造成“飞温”；此外，不能使用细颗粒的催化剂，且催化剂的再生和更换不便。其中，“飞温”问题一直是设计、改造和操作控制的关键。

本仿真单元选用的是一种对外换热式气-固相催化剂反应器，热载体是丁烷。该固定床反应器取材于乙烯装置中催化加氢脱除乙炔(碳二加氢)工段。在乙烯装置中，液态烃热裂解得到的裂解气中乙炔约含 1000~5000μL/L，为了获得聚合级的乙烯、丙烯，须将乙炔脱除至要求指标，催化选择加氢是最主要的方法之一。

在加氢催化剂存在下，碳二馏分中的乙炔加氢为乙烯，就加氢可能性来说，可发生如下反应：

主反应：

$$C_2H_2+H_2 \longrightarrow C_2H_4+174.3\text{kJ/mol} \tag{1}$$

副反应：

$$C_2H_2+2H_2 \longrightarrow C_2H_6+311.0\text{kJ/mol} \tag{2}$$

$$C_2H_4+H_2 \longrightarrow C_2H_6+136.7\text{kJ/mol} \tag{3}$$

$$mC_2H_4+nC_2H_2 \longrightarrow \text{低聚物(绿油)} \tag{4}$$

高温时，还可能发生裂解反应：

$$C_2H_2 \longrightarrow 2C+H_2+227.8\text{kJ/mol} \tag{5}$$

从生产的要求考虑，最好只希望发生式(1)反应，这样既能脱除原料中的乙炔，又增产了乙烯。式(2)的反应是乙炔一直加氢到乙烷，但对乙烯的增产没有贡献，不如反应式(1)的方式好。不希望发生式(3)~式(5)的反应。因此乙炔加氢要求催化剂对乙炔加氢的选择性要好。影响催化剂反应性能的主要因素有反应温度、原料中炔烃、双烯烃的含量、炔烃比、空速、一氧化碳、二氧化碳、硫等杂质的浓度。

(1)反应温度：反应温度对催化剂加氢性能影响较大，碳二加氢反应均是较强的放热反应，高温不仅有利于副反应的发生，而且对安全生产造成威胁。一般地，提高反应温度，催化剂活性提高，但选择性降低。采用钯型催化剂时，反应温度为30~120℃，本装置反应温度由壳侧中冷剂(热载体)控制在44℃左右。

(2) 炔烃浓度：炔烃浓度对催化剂反应性能有着重要影响。加氢原料所含炔烃、双烯烃浓度高，反应放热量大，若不能及时移走热量，使得催化剂床层温度较高，加剧副反应的进行，导致目的产品乙烯的加氢损失，并造成催化剂的表面结焦的不良后果。

(3) 氢烃比：乙炔加氢反应的理论氢炔比为1.0，如氢炔比小于1.0，说明乙炔未能脱除。当氢炔比超过1.0时，就意味着除了满足乙炔加氢生成乙烯需要的氢气外，有过剩的氢气出现，反应的选择性就下降了，一般采用的炔烃比为1.2~2.5。本装置中控制碳二馏分的流量是56186.8t/h，氢气的流量是200t/h。

(4) 一氧化碳：一氧化碳会使加氢催化剂中毒，影响催化剂的活性。在加氢原料中的一氧化碳的含量有一定的限制，如碳二加氢所用的富氢中一氧化碳含量应小于5μL/L。

2. 工艺说明

本流程为利用催化加氢脱乙炔的工艺。乙炔是通过等温加氢反应器除掉的，反应器温度由壳侧中冷剂温度控制。

主反应为：$nC_2H_2+2nH_2 \longrightarrow (C_2H_6)_n$，该反应是放热反应。每克乙炔反应后放出热量约为$3.4\times10^4$kcal($1.42\times10^5$kJ)。温度超过66℃时有副反应为：$2nC_2H_4 \longrightarrow (C_4H_8)_n$，该反应也是放热反应。

冷却介质为液态丁烷，通过丁烷蒸发带走反应器中的热量，丁烷蒸气通过冷却水冷凝。

反应原料分两股，一股为约-15℃的以C_2为主的烃原料，进料量由流量控制器FIC1425控制；另一股为H_2与CH_4的混合气，温度约10℃，进料量由流量控制器FIC1427控制。FIC1425与FIC1427为比值控制，两股原料按一定比例在管线中混合后经原料气/反应气换热器(EH-423)预热，再经原料预热器(EH-424)预热到38℃，进入固定床反应器(ER-424A/B)。预热温度由温度控制器TIC1466通过调节预热器EH-424加热蒸汽(S3)的流量来控制。

ER-424A/B中的反应原料在2.523MPa、44℃下反应生成C_2H_6，当温度过高时会发生C_2H_4聚合生成C_4H_8的副反应。反应器中的热量由反应器壳侧循环的加压C_4冷剂蒸发带走。C_4蒸气在水冷器EH-429中由冷却水冷凝，而C_4冷剂的压力由压力控制器PIC-1426通过调节C_4蒸气冷凝回流量来控制，从而保持C_4冷剂的温度。

3. 本单元复杂控制回路说明

FFI1427：为一比值调节器。根据FIC1425(以C_2为主的烃原料)的流量，按一定的比例，相适应的调整FIC1427(H_2)的流量。

比值调节：工业上为了保持两种或两种以上物料的比例为一定值的调节叫比值调节。对于比值调节系统，首先是要明确那种物料是主物料，而另一种物料按主物料来配比。在本单元中，FIC1425(以C_2为主的烃原料)控制主物料量，而FIC1427(H_2)的控制量是随主物料(C_2为主的烃原料)的量的变化而改变。

4. 设备一览

EH-423：原料气/反应气换热器；

EH-424：原料气预热器；

EH-429：C_4蒸汽冷凝器；

EV-429：C_4 闪蒸罐；

ER424A/B：C2X 加氢反应器。

二、固定床反应器单元操作规程

1. 开车操作规程

装置的开工状态为反应器和闪蒸罐都处于已进行过氮气冲压置换后保压在 0.03MPa 状态，可以直接进行实气冲压置换。

（1）EV-429 闪蒸器充丁烷

① 确认 EV-429 压力为 0.03MPa。

② 打开 EV-429 回流阀 PV1426 的前后阀 VV1429、VV1430。

③ 调节 PV1426(PIC1426)阀开度为 50%。

④ EH-429 通冷却水，打开 KXV1430，开度为 50%。

⑤ 打开 EV-429 的丁烷进料阀门 KXV1420，开度 50%。

⑥ 当 EV-429 液位达到 50%时，关进料阀 KXV1420。

（2）ER-424A 反应器充丁烷：

① 确认事项：a. 反应器 0.03MPa 保压。b. EV-429 液位到达 50%。

② 充丁烷：打开丁烷冷剂进 ER-424A 壳层的阀门 KXV1423，有液体流过，充液结束；同时打开出 ER-424A 壳层的阀门 KXV1425。

（3）ER-424A 启动：

① 启动前准备工作：

a. ER-424A 壳层有液体流过。

b. 打开 S3 蒸汽进料控制 TIC1466。

c. 调节 PIC-1426 设定，压力控制设定在 0.4MPa。

② ER-424A 充压、实气置换：

a. 打开 FIC1425 的前后阀 VV1425、VV1426 和 KXV1412。

b. 打开阀 KXV1418。

c. 微开 ER-424A 出料阀 KXV1413，丁烷进料控制 FIC1425(手动)，慢慢增加进料，提高反应器压力，充压至 2.523MPa。

d. 慢开 ER-424A 出料阀 KXV1413 至 50%，充压至压力平衡。

e. 乙炔原料进料控制 FIC1425 设自动，设定值 56186.8kg/h。

③ ER-424A 配氢，调整丁烷冷剂压力：

a. 稳定反应器入口温度在 38.0℃，使 ER-424A 升温。

b. 当反应器温度接近 38.0℃(超过 35.0℃)时，准备配氢。打开 FV1427 的前后阀 VV1427、VV1428。

c. 氢气进料控制 FIC1427 设自动，流量设定 80kg/h。

d. 观察反应器温度变化，当氢气量稳定后，FIC1427 设手动。

e. 缓慢增加氢气量，注意观察反应器温度变化。

f. 氢气流量控制阀开度每次增加不超过 5%。

g. 氢气量最终加至 200kg/h 左右，此时 $H_2/C_2=2.0$，FIC1427 投串级。

h. 控制反应器温度 44.0℃左右。

2. 正常操作规程

（1）正常工况下工艺参数：

① 正常运行时，反应器温度 TI1467A：44.0℃，压力 PI1424A 控制在 2.523MPa。

② FIC1425 设自动，设定值 56186.8kg/h，FIC1427 设串级。

③ PIC1426 压力控制在 0.4MPa，EV-429 温度 TI1426 控制在 38.0℃。

④ TIC1466 设自动，设定值 38.0℃。

⑤ ER-424A 出口氢气浓度低于 50μL/L，乙炔浓度低于 200μL/L。

⑥ EV429 液位 LI1426 为 50%。

（2）ER-424A 与 ER-424B 间切换：

① 关闭氢气进料。

② ER-424A 温度下降低于 38.0℃ 后，打开 C_4 冷剂进 ER-424B 的阀 KXV1424、KXV1426，关闭 C_4 冷剂进 ER-424A 的阀 KXV1423. KXV1425。

③ 开 C_2H_2 进 ER-424B 的阀 KXV1415，微开 KXV1416。关 C_2H_2 进 ER-424A 的阀 KXV1412。

（3）ER-424B 的操作：ER-424B 的操作与 ER-424A 操作相同。

3. 停车操作规程

（1）正常停车：

① 关闭氢气进料，关 VV1427、VV1428，FIC1427 设手动，设定值为 0%。

② 关闭加热器 EH-424 蒸汽进料，TIC1466 设手动，开度 0%。

③ 闪蒸器冷凝回流控制 PIC1426 设手动，开度 100%。

④ 逐渐减少乙炔进料，开大 EH-429 冷却水进料。

⑤ 逐渐降低反应器温度、压力，至常温、常压。

⑥ 逐渐降低闪蒸器温度、压力，至常温、常压。

（2）紧急停车：

① 与停车操作规程相同。

② 也可按急停车按钮(在现场操作图上)。

4. 联锁说明

该单元有一联锁。

（1）联锁源：

① 现场手动紧急停车(紧急停车按钮)。

② 反应器温度高报(TI1467A/B>66℃)。

（2）联锁动作：

① 关闭氢气进料，FIC1427 设手动。

② 关闭加热器 EH-424 蒸汽进料，TIC1466 设手动。

③ 闪蒸器冷凝回流控制 PIC1426 设手动，开度 100%。

④ 自动打开电磁阀 XV1426。

该联锁有一复位按钮。(在复位前，应首先确定反应器温度已降回正常，同时处于手动状态的各控制点的设定应设成最低值)。

5. 仪表及报警一览表

固定床反应器单元仪表及报警一览表见表 2-9。

表 2-9　固定床反应器单元仪表及报警一览表

位号	说　明	类型	量程高限	量程低限	工程单位	报警上限	报警下限
PIC1426	EV429 罐压力控制	PID	1.0	0.0	MPa	0.70	无
TIC1466	EH423 出口温控	PID	80.0	0.0	℃	43.0	无
FIC1425	C2X 流量控制	PID	700000.0	0.0	kg/h	无	无
FIC1427	H_2 流量控制	PID	300.0	0.0	kg/h	无	无
FT1425	C2X 流量	PV	700000.0	0.0	kg/h	无	无
FT1427	H_2 流量	PV	300.0	0.0	kg/h	无	无
TC1466	EH423 出口温度	PV	80.0	0.0	℃	43.0	无
TI1467A	ER424A 温度	PV	400.0	0.0	℃	48.0	无
TI1467B	ER424B 温度	PV	400.0	0.0	℃	48.0	无
PC1426	EV429 压力	PV	1.0	0.0	MPa	0.70	无
LI1426	EV429 液位	PV	100	0.0	%	80.0	20.0
AT1428	ER424A 出口氢浓度	PV	200000.0	μL/L	90.0	无	无
AT1429	ER424A 出口乙炔浓度	PV	1000000.0	μL/L	无	无	无
AT1430	ER424B 出口氢浓度	PV	200000.0	μL/L	90.0	无	无
AT1431	ER424B 出口乙炔浓度	PV	1000000.0	μL/L	无	无	无

三、事故设置一览

1. 氢气进料阀卡住

原因：FIC1427 卡在 20%处。

现象：氢气量无法自动调节。

处理：降低 EH-429 冷却水的量；用旁路阀 KXV1404 手工调节氢气量。

2. 预热器 EH-424 阀卡住

原因：TIC1466 卡在 70%处。

现象：换热器出口温度超高。

处理：增加 EH-429 冷却水的量；减少配氢量。

3. 闪蒸罐压力调节阀卡住

原因：PIC1426 卡在 20%处。

现象：闪蒸罐压力、温度超高。

处理：增加 EH-429 冷却水的量；用旁路阀 KXV1434 手工调节。

4. 反应器漏气

原因：反应器漏气，KXV1414 卡在 50%处。

现象：反应器压力迅速降低。

处理：停工。

5. EH-429 冷却水停

原因：EH-429 冷却水供应停止。

现象：闪蒸罐压力，温度超高。

处理：停工。

6. 反应器超温

原因：闪蒸罐通向反应器的管路有堵塞。

现象：反应器温度超高，会引发乙烯聚合的副反应。

处理：增加 EH-429 冷却水的量。

四、仿真界面

固定床反应器单元仿真界面见图 2-24、图 2-25 所示。

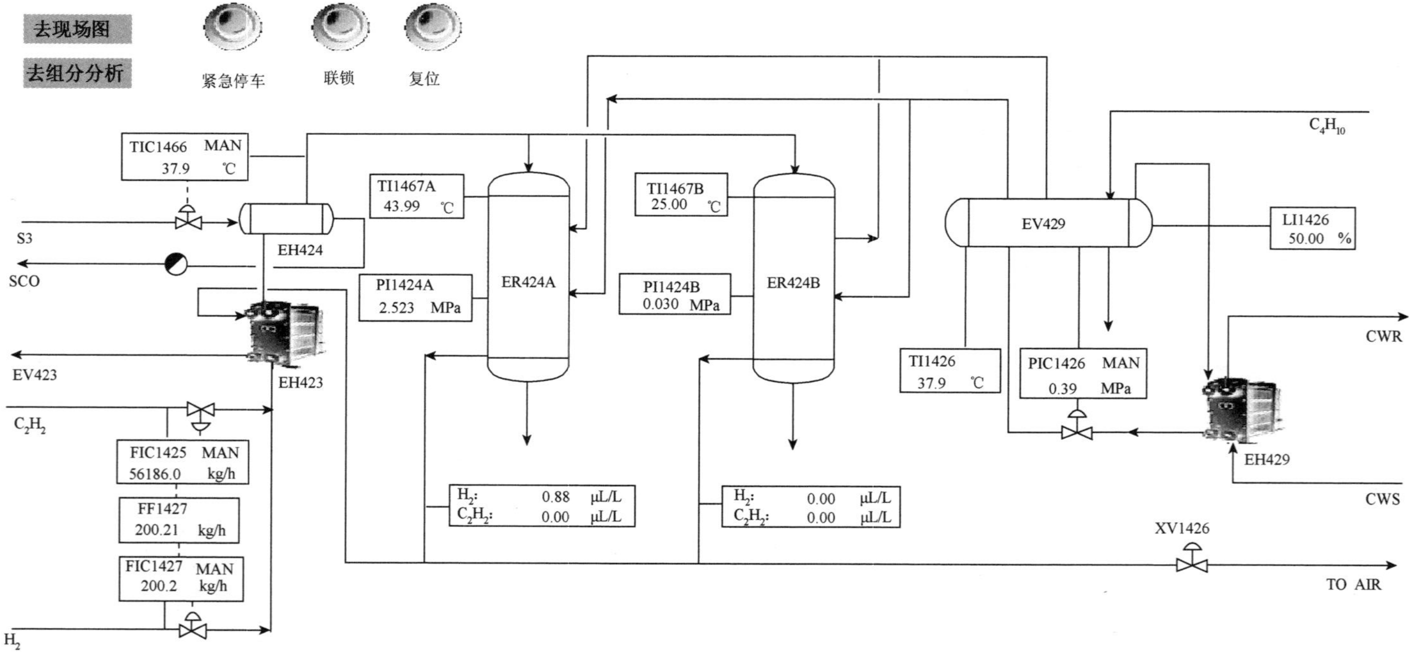

图 2－24 固定床反应器 DCS 界面

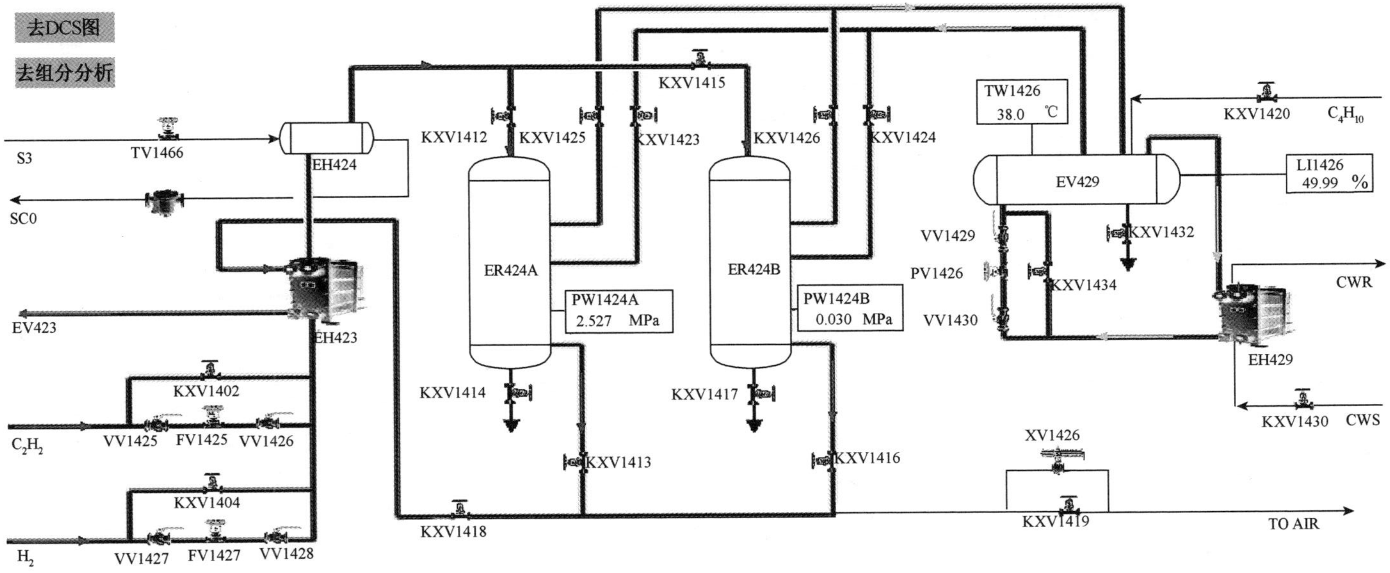

图 2－25　固定床反应器现场界面

思考题

1. 结合本单元说明比例控制的工作原理。

2. 为什么是根据乙炔的进料量调节配氢气的量，而不是根据氢气的量调节乙炔的进料量？

3. 根据本单元实际情况，说明反应器冷却剂的自循环原理。

4. 观察在 EH-429 冷却器的冷却水中断后会造成的结果。

5. 结合本单元实际，理解“联锁”和“联锁复位”的概念。

实训十　流化床反应器单元

一、工艺流程说明

1. 工艺原理简述

流化床反应器是将流态化技术应用于流体(通常指气体)、固相化学反应的设备，有气-固相流化床催化反应器和气-固相流化床非催化反应器两种。以一定的流动速度使固体催化剂颗粒呈悬浮湍动，并在催化剂作用下进行化学反应的设备称为气-固相流化床催化反应器(常简称为流化床)，它是气-固相催化反应常用的一种反应器。而在气-固相流化床非催化反应器中，是原料气直接与悬浮湍动的固体原料发生化学反应。

由于流化床具有较高的传热效率、床层温度分布均匀、很大的相间接触面积、固体粒子输送方便等优点，因而在化工、冶金等领域得到了广泛的应用。但与固定床相比，主要缺点有物料返混严重、催化剂磨损大、需要气固相分离装置、操作气体速度受限。

本仿真培训单元所选的是一种气-固相流化床非催化反应器，取材于 HIMONT 工艺连续本体法聚丙烯装置的气相共聚反应器，用于生产高抗冲共聚体。其工艺特点是：气相共聚反应是在均聚反应后进行，聚合物颗粒来自均聚，在气相共聚反应器中不再有催化剂组分的分布问题；在气相共聚反应时加入乙烯，而乙烯的反应速度较快，动力学常数大，因此反应所需的停留时间短，相应的反应压力可以低；气相反应并不存在萃取介质，不但保证了共聚物的质量，而且所生成的共聚物表面不易发生聚合，这对减轻共聚物挂壁或结块堵塞都有好处。另外，气相共聚反应器采用气相法密相流化床，所生成的聚合物颗粒大，呈球形，不但流动性好，而且不像细粉那样容易被气流吹走，从而相应地缩小了反应器的体积。

气相共聚生产高冲聚合物时，均聚体粉料从共聚反应器顶部进入流化床反应器。与此同时，按一定比例恒定地加入乙烯、丙烯和氢气，以达到共聚产品所需要的性质，聚合的反应热靠循环气体的冷却而导出。

气相共聚反应温度为 70℃，反应压力为 1.4MPa，反应器为立式，内设有刮板搅拌器，粉料料面控制高度为 60%。

气相反应聚合速度的控制是靠调节反应器的气体组成(H_2/C_2、C_2/C_3 之比)和总的系统压力、反应温度及料面高度(停留时间)来实现。

2. 工艺说明

该流化床反应器取材于 HIMONT 工艺本体聚合装置，用于生产高抗冲击共聚物。具有剩余活性的干均聚物(聚丙烯)，在压差作用下自闪蒸罐 D-301 流到该气相共聚反应器R-401。

在气体分析仪的控制下，氢气被加到乙烯进料管道中，以改进聚合物的本征黏度，满足加工需要。

聚合物从顶部进入流化床反应器，落在流化床的床层上。流化气体(反应单体)通过一个特殊设计的栅板进入反应器，由反应器底部出口管路上的控制阀来维持聚合物的料位。聚合物料位决定了停留时间，从而决定了聚合反应的程度，为了避免过度聚合的鳞片状产物堆积在反应器壁上，反应器内配置一转速较慢的刮刀，以使反应器壁保持干净。

栅板下部夹带的聚合物细末，用一台小型旋风分离器 S401 除去，并送到下游的袋式过滤器中。

所有末反应的单体循环返回到流化压缩机的吸入口。

来自乙烯汽提塔顶部的回收气相与气相反应器出口的循环单体汇合，而补充的氢气、乙烯和丙烯加入到压缩机排出口。

循环气体用工业色谱仪进行分析，调节氢气和丙烯的补充量。

然后调节补充的丙烯进料量以保证反应器的进料气体满足工艺要求的组成。

用脱盐水作为冷却介质，用一台立式列管式换热器将聚合反应热撤出。该热交换器位于循环气体压缩机之前。

共聚物的反应压力约为 1.4MPa(G)，70℃，注意：该系统压力位于闪蒸罐压力和袋式过滤器压力之间，从而在整个聚合物管路中形成一定压力梯度，以避免容器间物料的返混并使聚合物向前流动。

3. 反应机理

乙烯、丙烯以及反应混合气在一定的温度(70℃)，一定的压力 1.35MPa 下，通过具有剩余活性的干均聚物(聚丙烯)的引发，在流化床反应器里进行反应，同时加入氢气以改善共聚物的本征黏度，生成高抗冲击共聚物。

主要原料：乙烯、丙烯、具有剩余活性的干均聚物(聚丙烯)、氢气。

主产物：高抗冲击共聚物(具有乙烯和丙烯单体的共聚物)。

副产物：无。

反应方程式：

$$nC_2H_4+nC_3H_6 \longrightarrow [C_2H_4—C_3H_6]_n$$

4. 设备一览

A401：R401 的刮刀；

C401：R401 循环压缩机；

E401：R401 气体冷却器；

E409：夹套水加热器；

P401：开车加热泵；

R401：共聚反应器；

S401：R401 旋风分离器。

5. 参数说明

AI40111：反应产物中 H_2的含量；

AI40121：反应产物中 C_2H_4的含量；

AI40131：反应产物中 C_2H_6的含量；

AI40141：反应产物中 C_3H_6的含量；

AI40151：反应产物中 C_3H_8的含量。

二、装置的操作规程

1. 冷态开车规程

(1) 开车准备：准备工作包括系统中用氮气充压，循环加热氮气，随后用乙烯对系统进行置换(按照实际正常的操作，用乙烯置换系统要进行两次，考虑到时间关系，只进行一次)。这一过程完成之后，系统将准备开始单体开车。

① 系统氮气充压加热：

a. 充氮：打开充氮阀，用氮气给反应器系统充压，当系统压力达 0.7MPa(G)时，关闭充氮阀。

b. 当氮充压至0.1MPa(G)时，按照正确的操作规程，启动C401共聚循环气体压缩机，将导流叶片(HIC402)定在40%。

c. 环管充液：启动压缩机后，开进水阀V4030，给水罐充液，开氮封阀V4031。

d. 当水罐液位大于10%时，开泵P401入口阀V4032，启动泵P401，调节泵出口阀V4034至60%开度。

e. 手动开低压蒸汽阀HC451，启动换热器E-409，加热循环氮气。

f. 打开循环水阀V4035。

g. 当循环氮气温度达到70℃时，TC451投自动，调节其设定值，维持氮气温度TC401在70℃左右。

② 氮气循环：

a. 当反应系统压力达0.7MPa时，关充氮阀。

b. 在不停压缩机的情况下，用PIC402和排放阀给反应系统泄压至0.0MPa(G)。

c. 在充氮泄压操作中，不断调节TC451设定值，维持TC401温度在70℃左右。

③ 乙烯充压：

a. 当系统压力降至0.0MPa(G)时，关闭排放阀。

b. 由FC403开始乙烯进料，乙烯进料量设定在567.0kg/h时投自动调节，乙烯使系统压力充至0.25MPa(G)。

(2) 干态运行开车：本规程旨在聚合物进入之前，共聚反应系统具备合适的单体浓度，另外通过该步骤也可以在实际工艺条件下，预先对仪表进行操作和调节。

① 反应进料：

a. 当乙烯充压至0.25MPa(G)时，启动氢气的进料阀FC402，氢气进料设定在0.102kg/h，FC402投自动控制。

b. 当系统压力升至0.5MPa(G)时，启动丙烯进料阀FC404，丙烯进料设定在400kg/h，FC404投自动控制。

c. 打开自乙烯汽提塔来的进料阀V4010。

d. 当系统压力升至0.8MPa(G)时，打开旋风分离器S-401底部阀HC403至20%开度，维持系统压力缓慢上升。

② 准备接收D301来的均聚物：

a. 再次加入丙烯，将FIC404改为手动，调节FV404为85%。

b. 当AC402和AC403平稳后，调节HC403开度至25%。

c. 启动共聚反应器的刮刀，准备接收从闪蒸罐(D-301)来的均聚物。

(3) 共聚反应物的开车：

a. 确认系统温度TC451维持在70℃左右。

b. 当系统压力升至1.2MPa(G)时，开大HC403开度在40%和LV401在20%~25%，以维持流态化。

c. 打开来自D-301的聚合物进料阀。

d. 停低压加热蒸汽，关闭HV451。

(4) 稳定状态的过渡：

① 反应器的液位：

a. 随着R401料位的增加，系统温度将升高，及时降低TC451的设定值，不断取走反应热，维持TC401温度在70℃左右。

b. 调节反应系统压力在 1.35MPa(G)时，PC402 自动控制。

c. 手动开启 LV401 至 30%，让共聚物稳定地流过此阀。

d. 当液位达到 60%时，将 LC401 设置投自动。

e. 随系统压力的增加，料位将缓慢下降，PC402 调节阀自动开大，为了维持系统压力在 1.35MPa，缓慢提高 PC402 的设定值至 1.40MPa(G)。

f. 当 LC401 在 60%投自动控制后，调节 TC451 的设定值，待 TC401 稳定在 70℃左右时，TC401 与 TC451 串级控制。

② 反应器压力和气相组成控制：

a. 压力和组成趋于稳定时，将 LC401 和 PC403 投串级。

b. FC404 和 AC403 串级联结。

c. FC402 和 AC402 串级联结。

2. 正常操作规程

正常工况下的工艺参数：

(1) FC402：调节氢气进料量(与 AC402 串级)正常值：0.35kg/h。

(2) FC403：单回路调节乙烯进料量正常值：567.0kg/h。

(3) FC404：调节丙烯进料量(与 AC403 串级)正常值：400.0kg/h。

(4) PC402：单回路调节系统压力正常值：1.4MPa。

(5) PC403：主回路调节系统压力正常值：1.35MPa。

(6) LC401：反应器料位(与 PC403 串级)正常值：60%。

(7) TC401：主回路调节循环气体温度正常值：70℃。

(8) TC451：分程调节取走反应热量(与 TC401 串级)正常值：50℃。

(9) AC402：主回路调节反应产物中 H_2/C_2 之比正常值：0.18。

(10) AC403：主回路调节反应产物中 $C_2/(C_2+C_3)$ 之比正常值：0.38。

3. 停车操作规程

(1) 降反应器料位：

① 关闭催化剂来料阀 TMP20。

② 手动缓慢调节反应器料位。

(2) 关闭乙烯进料，保压：

① 当反应器料位降至 10%时，关乙烯进料。

② 当反应器料位降至 0 时，关反应器出口阀。

③ 关旋风分离器 S-401 上的出口阀。

(3) 关丙烯及氢气进料：

① 手动切断丙烯进料阀。

② 手动切断氢气进料阀。

③ 排放导压至火炬。

④ 停反应器刮刀 A401。

(4) 氮气吹扫：

① 将氮气加入该系统。

② 当压力达 0.35MPa 时放火炬。

③ 停压缩机 C-401。

4. 仪表一览表

流化床反应器单元仪表一览表见表 2-10。

表 2-10　流化床反应器单元仪表一览表

位号	说　明	类型	正常值	量程高限	量程低限	工程单位	高报	低报	高高报	低低报
FC402	氢气进料流量	PID	0.35	5.0	0.0	kg/h				
FC403	乙烯进料流量	PID	567.0	1000.0	0.0	kg/h				
FC404	丙烯进料流量	PID	400.0	1000.0	0.0	kg/h				
PC402	R-401 压力	PID	1.40	3.0	0.0	MPa				
PC403	R-401 压力	PID	1.35	3.0	0.0	MPa				
LC401	R-401 液位	PID	60.0	100.0	0.0	%				
TC401	R-401 循环气温度	PID	70.0	150.0	0.0	℃				
FI401	E-401 循环水流量	AI	36.0	80.0	0.0	t/h				
FI405	R-401 气相进料流量	AI	120.0	250.0	0.0	t/h				
TI402	循环气 E-401 入口温度	AI	70.0	150.0	0.0	℃				
TI403	E-401 出口温度	AI	65.0	150.0	0.0	℃				
TI404	R-401 入口温度	AI	75.0	150.0	0.0	℃				
TI405/1	E-401 入口水温度	AI	60.0	150.0	0.0	℃				
TI405/2	E-401 出口水温度	AI	70.0	150.0	0.0	℃				
TI406	E-401 出口水温度	AI	70.0	150.0	0.0	℃				

三、事故设置一览

1. 泵 P401 停

原因：运行泵 P401 停。

现象：温度调节器 TC451 急剧上升，然后 TC401 随之升高。

处理：(1)调节丙烯进料阀 FV404，增加丙烯进料量；(2)调节压力调节器 PC402，维持系统压力；(3)调节乙烯进料阀 FV403，维持 C_2/C_3 比。

2. 压缩机 C-401 停

原因：压缩机 C-401 停。

现象：系统压力急剧上升。

处理：(1)关闭催化剂来料阀 TMP20；(2)手动调节 PC402，维持系统压力；(3)手动调节 LC401，维持反应器料位。

3. 丙烯进料停

原因：丙烯进料阀卡。

现象：丙烯进料量为 0。

处理：(1)手动关小乙烯进料量，维持 C_2/C_3 比；(2)关催化剂来料阀 TMP20；(3)手动关小 PV402，维持压力；(4)手动关小 LC401，维持料位。

4. 乙烯进料停

原因：乙烯进料阀卡。

现象：乙烯进料量为 0。

处理：(1)手动关丙烯进料，维持 C_2/C_3 比；(2)手动关小氢气进料，维持 H_2/C_2 比。

5. D301 供料停

原因：D301 供料阀 TMP20 关。

现象：D301 供料停止。

处理：(1)手动关闭 LV401；(2)手动关小丙烯和乙烯进料；(3)手动调节压力。

四、仿真界面

流化床反应器单元界面见图 2-26、图 2-27 所示。

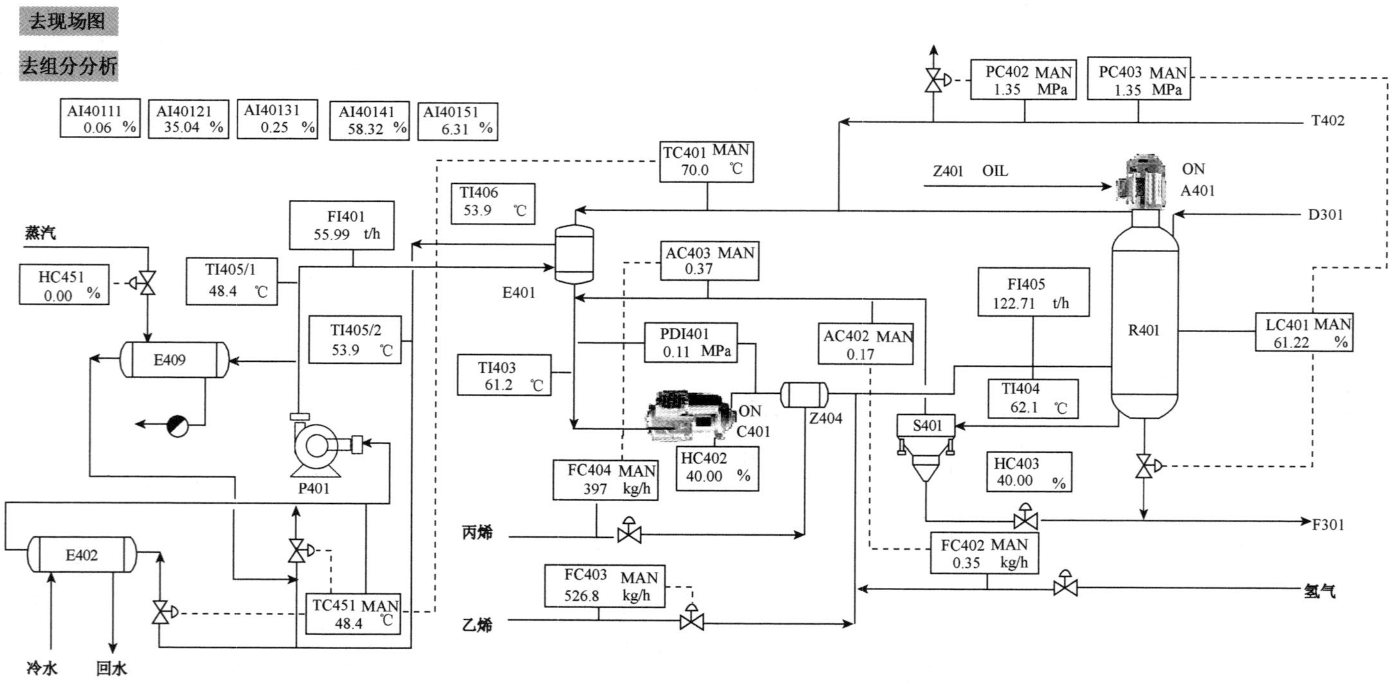

图 2-26 流化床反应器 DCS 界面

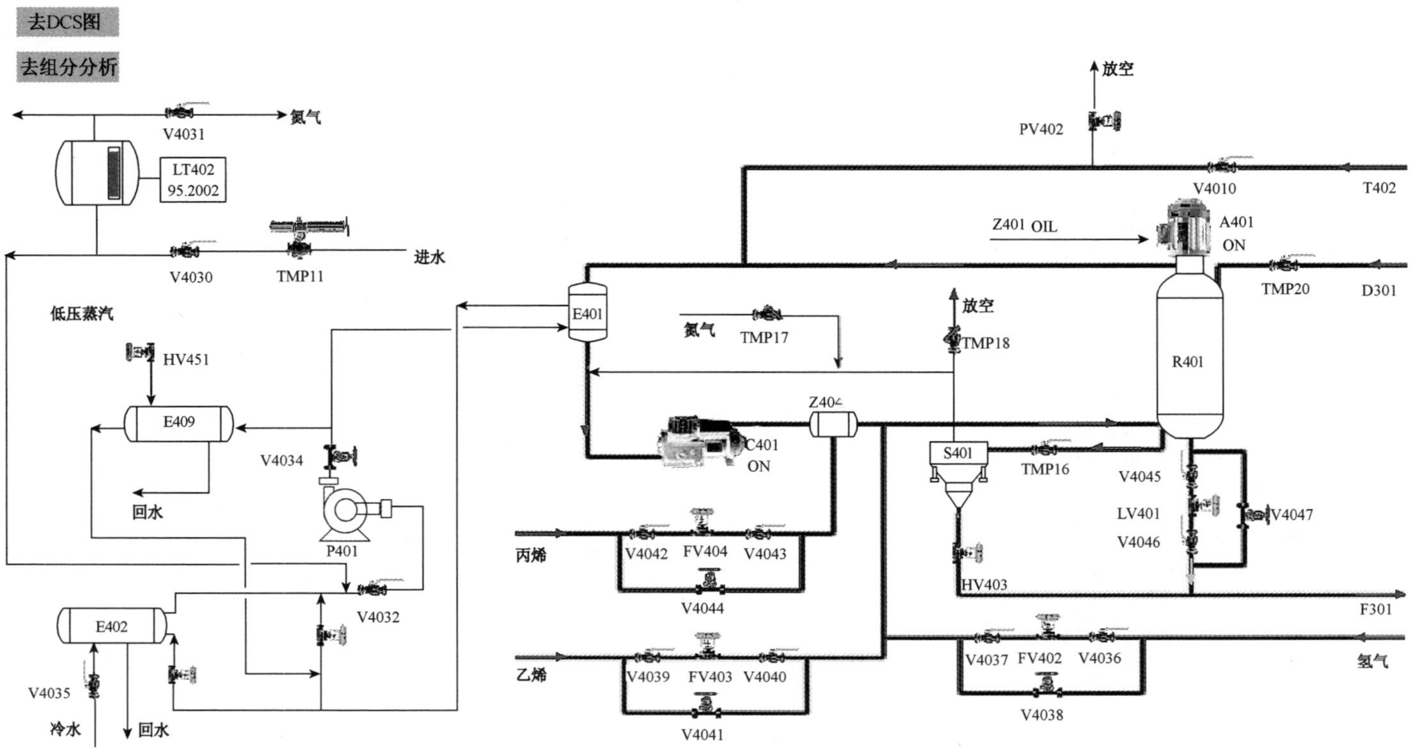

图 2－27　流化床反应器现场界面

思考题

1. 在开车及运行过程中，为什么一直要保持氮封？

2. 熔融指数(MFR)表示什么？氢气在共聚过程中起什么作用？试描述 AC402 指示值与 MFR 的关系？

3. 气相共聚反应的温度为什么绝对不能偏差所规定的温度？

4. 气相共聚反应的停留时间是如何控制的？

5. 气相共聚反应器的流态化是如何形成的？

6. 冷态开车时，为什么要首先进行系统氮气充压加热？

7. 什么叫流化床？与固定床比有什么特点？

8. 请解释以下概念：共聚、均聚、气相聚合、本体聚合。

9. 请简述本培训单元所选流程的反应机理。

实训十一　锅炉单元

一、工艺流程简述

1. 工作原理简述

基于燃料(燃料油、燃料气)与空气按一定比例混合即发生燃烧而产生高温火焰并放出大量热量的原理，锅炉主要是通过燃烧后辐射段的火焰和高温烟气对水冷壁的锅炉给水进行加热，使锅炉给水变成饱和水而进入汽包进行气水分离，而从辐射室出来进入对流段的烟气仍具有很高的温度，再通过对流室对来自于汽包的饱和蒸汽进行加热即产生过热蒸汽。

2. 工艺过程说明

本软件为每小时产生65t过热蒸汽锅炉仿真培训而设计。锅炉的主要用途是提供中压蒸汽及消除催化裂化装置再生的CO废气对大气的污染，回收催化装置再生的废气之热能。

主要设备为WGZ65/39－6型锅炉，采用自然循环，双汽包结构。锅炉主体由省煤器、上汽包、对流管束、下汽包、下降管、水冷壁、过热器、表面式减温器、联箱组成。省煤器的主要作用是预热锅炉给水，降低排烟温度，提高锅炉热效率。上汽包的主要作用是汽水分离，连接受热面构成正常循环。水冷壁的主要作用是吸收炉膛辐射热。过热器分低温段、高温段过热器，其主要作用是使饱和蒸汽变成过热蒸汽。减温器的主要作用是微调过热蒸汽的温度(调整范围约10～33℃)。

锅炉设有一套完整的燃烧设备，可以适应燃料气、燃料油、液态烃等多种燃料。根据不同蒸汽压力既可单独烧一种燃料，也可以多种燃料混烧，还可以分别和CO废气混烧。本软件为燃料气、燃料油、液态烃与CO废气混烧仿真。

除氧器通过水位调节器LIC101接受外界来水经热力除氧后，一部分经低压水泵P102供全厂各车间，另一部分经高压水泵P101供锅炉用水，除氧器压力由PIC101单回路控制。锅炉给水一部分经减温器回水至省煤器，一部分直接进入省煤器，两路给水调节阀通过过热蒸汽温度调节器TIC101分程控制，被烟气回热至256℃饱和水进入上汽包，再经对流管束至下汽包，再通过下降管进入锅炉水冷壁，吸收炉膛辐射热使其在水冷壁里变成汽水混合物，然后进入上汽包进行汽水分离。锅炉总给水量由上汽包液位调节器LIC102单回路控制。

256℃的饱和蒸汽经过低温段过热器(通过烟气换热)、减温器(锅炉给水减温)、高温段过热器(通过烟气换热)，变成447℃、3.77MPa的过热蒸汽供给全厂用户。

燃料气包括高压瓦斯气和液态烃，分别通过压力控制器PIC104和PIC103单回路控制进入高压瓦斯罐V－101，高压瓦斯罐顶气通过过热蒸汽压力控制器PIC102单回路控制进入六个点火枪；燃料油经燃料油泵P105升压进入六个点火枪进料燃烧室。

燃烧所用空气通过鼓风机P104增压进入燃烧室。CO烟气系统由催化裂化再生器产生，温度为500℃，经过水封罐进入锅炉，燃烧放热后再排至烟窗。

锅炉排污系统包括连排系统和定排系统，用来保持水蒸气品质。

名词解释：

(1) 汽水系统：汽水系统既所谓的“锅”，它的任务是吸收燃料燃烧放出的热量，使水蒸气蒸发最后成为规定压力和温度的过热蒸汽。它由(上、下)汽包、对流管束、下降管、(上、下)联箱、水冷壁、过热器、减温器和省煤器组成。

① 汽包：装在锅炉的上部，包括上、下两个汽包，它们分别是圆筒型的受压容器，它们之间通过对流管束连接。上汽包的下部是水，上部是蒸汽，它受省煤器的来水，并依靠重力的作用将水经过对流管束送入下汽包。

② 对流管束：由多根细管组成，将上、下汽包连接起来。上汽包中的水经过对流管束流入下汽包，其间要吸收炉膛放出的大量热。

③ 下降管：它是水冷壁的供水管，即汽包中的水流入下降管并通过水冷壁下的联箱均匀地分配到水冷壁的各上升管中。

④ 水冷壁：是布置在燃烧室内四周墙上的许多平行的管子。它主要的作用是吸收燃烧室中的辐射热，使管内的水汽化，蒸汽就是在水冷壁中产生的。

⑤ 过热器：过热器的作用是利用烟气的热量将饱和的蒸汽加热成一定温度的过热蒸汽。

⑥ 减温器：在锅炉的运行过程中，由于很多因素使过热蒸汽加热温度发生变化，而为用户提供的蒸汽温度保持在一定范围内，为此必须装设汽温调节设备。其原理是接受冷量，将过热蒸汽温度降低。本单元中，一部分锅炉给水先经过减温器调节过热蒸汽温度后再进入上汽包。本单元的减温器为多根细管装在一个筒体中的表面式减温器。

⑦ 省煤器：装在锅炉尾部的垂直烟道中。它利用烟气的热量来加热给水，以提高给水温度，降低排烟温度，节省燃料。

⑧ 联箱：本单元采用的是圆形联箱，它实际为直径较大，两端封闭的圆管，用来连接管子，起着汇集、混合和分配水汽的作用。

（2）燃烧系统：燃烧系统即所谓的“炉”，它的任务是使燃料在炉中更好地燃烧。本单元的燃烧系统由炉膛和燃烧器组成。

补充说明(单元的液位指示说明)：

① 在脱氧罐 DW101 中，在液位指示计的 0 点下面还有一段空间，故开始进料后不会马上有液位指示。

② 在锅炉上汽包中同样是在液位指示计的起测点下面，还有一段空间，故开始进料后不会马上有液位指示。同时上汽包中的液位指示计较特殊，其起测点的值为-300mm，上限为 300mm，正常液位为 0mm，整个测量范围为 600mm。

3. 本单元复杂控制回路说明

TIC101：锅炉给水一部分经减温器回水至省煤器；一部分直接进入省煤器，通过控制两路水的流量来控制上水包的进水温度，两股流量由一分程调节器 TIC101 控制。当 TIC101 的输出为 0 时，直接进入省煤器的一路为全开，经减温器回水至省煤器一路为 0；当 TIC101 的输出为 100 时，直接进入省煤器的一路为 0，经减温器回水至省煤器一路为全开。锅炉上水的总量只受上汽包液位调节器 LIC102 单回路控制。

分程控制：就是由一只调节器的输出信号控制两只或更多的调节阀，每只调节阀在调节器的输出信号的某段范围中工作。

4. 设备一览

B101：锅炉主体；

V101：高压瓦斯罐；

DW101：除氧器；

P101：高压水泵；

P102：低压水泵；

P103：Na_2HPO_4 加药泵；

P104：鼓风机；

P105：燃料油泵。

二、装置的操作规程

1. 冷态开车操作规程

本装置的开车状态为所有设备均经过吹扫试压，压力为常压，温度为环境温度，所有可操作阀均处于关闭状态。

（1）启动公用工程：启动“公用工程”按钮，使所有公用工程均处于待用状态。

（2）除氧器投运：

① 手动打开液位调节器 LIC101，向除氧器充水，使液位指示达到 400mm；将调节器 LIC101 投自动（给定值设为 400mm）。

② 手动打开压力调节器 PIC101，送除氧蒸汽，打开除氧器再沸腾阀 B08，向 DW101 通一段时间蒸汽后关闭。

③ 除氧器压力升至 2000mmH_2O 时，将压力调节器 PIC101 投自动（给定值设为 2000mmH_2O）。

（3）锅炉上水：

① 确认省煤器与下汽包之间的再循环阀关闭（B10），打开上汽包液位计汽阀 D30 和水阀 D31。

② 确认省煤器给水调节阀 TIC101 全关。

③ 开启高压泵 P101。

④ 通过高压泵循环阀（D06）调整泵出口压力约为 5.0MPa。

⑤ 缓开给水调节阀的小旁路阀（D25），手控上水（注意上水流量不得大于 10t/h，请注意上水时间较长，在实际教学中，可加大进水量，加快操作速度）。

⑥ 待水位升至-50mm，关入口水调节阀旁路阀（D25）。

⑦ 开启省煤器和下汽包之间的再循环阀（B10）。

⑧ 打开上汽包液位调节阀 LV102。

⑨ 小心调节 LV102 阀使上汽包液位控制在 0mm 左右，投自动。

（4）燃料系统投运：

① 将高压瓦斯压力调节器 PIC104 置手动，手控高压瓦斯调节阀使压力达到 0.3MPa。给定值设 0.3MPa 后投自动。

② 将液态烃压力调节器 PIC103 给定值设为 0.3MPa 投自动。

③ 依次开喷射器高压入口阀（B17），喷射器出口阀（B19），喷射器低压入口阀（B18）。

④ 开火嘴蒸汽吹扫阀（B07），2min 后关闭。

⑤ 开启燃料油泵（P105），燃料油泵出口阀（D07），回油阀（D13）。

⑥ 关烟气大水封进水阀（D28），开大水封放水阀（D44），将大水封中的水排空。

⑦ 开小水封上水阀（D29），为导入 CO 烟气作准备。

（5）锅炉点火：

① 全开上汽包放空阀（D26）及过热器排空阀（D27）和过热器疏水阀（D04），全开过热蒸汽对空排气阀（D12）。

② 炉膛送气。全开风机入口挡板(D01)和烟道挡板(D05)。

③ 开启风机(P104)通风5min，使炉膛不含可燃气体。

④ 将烟道挡板调至20%左右。

⑤ 将1~3号燃气火嘴点燃。先开点火器，后开炉前根部阀。

⑥ 置过热蒸汽压力调节器(PIC102)为手动，按锅炉升压要求手动控制升压速度。

⑦ 将4~6号燃气火嘴点燃。

(6) 锅炉升压：冷态锅炉由点火达到并汽条件，时间应严格控制不得小于3~4h，升压应缓慢平稳。在仿真器上为了提高培训效率，缩短为半小时左右。此间严禁关小过热器疏水阀(D04)和对空排汽阀(D12)，赶火升压，以免过热器管壁温度急剧上升和对流管束胀口渗水等现象发生。

① 开加药泵P103，加 Na_2HPO_4。

② 压力在0.7~0.8MPa时，根据止水量估计排空蒸汽量。关小减温器、上汽包排空阀。

③ 过热蒸汽温度达400℃时投入减温器(按分程控制原理，调整调节器的输出为0时，减温器调节阀开度为0%，省煤器给水调节阀开度为100%。输出为50%，两阀各开50%；输出为100%，减温器调节阀开度100%，省煤器给水调节阀开度0%)。

④ 压力升至3.6MPa，保持此压力达到平稳后，准备锅炉并汽。

(7) 锅炉并汽：

① 确认蒸汽压力稳定，且为3.62~3.67MPa，蒸汽温度不低于420℃，上汽包水位为0mm左右，准备并汽。

② 在并汽过程中，调整过热蒸汽压力低于母管压力0.10~0.15MPa。

③ 缓开主汽阀旁路阀(D15)。

④ 缓开隔离阀旁路阀(D16)。

⑤ 开主汽阀(D17)约20%。

⑥ 缓慢开启隔离阀(D02)，压力平衡后全开隔离阀。

⑦ 缓慢关闭隔离阀旁路阀D16。此时若压力趋于升高或下降，通过过热蒸汽压力调节器手动调整。

⑧ 缓关主汽阀旁路阀，注意压力变化。若压力趋于升高或下降，通过过热蒸汽压力调节器手动调整。

⑨ 将过热蒸汽压力调整节器给定值设为3.77MPa，手调蒸汽压力达到3.77MPa后投自动。

⑩ 缓慢关闭疏水阀(D04)。

⑪ 缓慢关闭排空阀(D12)。

⑫ 缓慢关闭过热器放空阀(D27)。

⑬ 关省煤器与下汽包之间再循环阀(B10)。

(8) 锅炉负荷提升：

① 将减温调节器给定值设为447℃，手调蒸汽温度达到后投自动。

② 逐渐开大主汽阀D17，使负荷升至20t/h。

③ 缓慢手调主汽阀提升负荷(注意操作的平稳度。提升速度每分钟不超过3~5t/h，同时要注意加大进水量及加热量)，使蒸汽负荷缓慢提升到65t/h左右。

(9) 至催化裂化除氧水流量提升

① 启动低压水泵(P102)。

② 适当开启低压水泵出口再循环阀(D08)，调节泵出口压力。

③ 渐开低压水泵出口阀(D10)，使去催化的除氧水流量为100t/h左右。

2. 正常操作规程

(1) 正常工况下工艺参数：

① FI105：蒸汽负荷正常控制值为65t/h。

② TIC101：过热蒸汽温度投自动，设定值为447℃。

③ LIC102：上汽包水位投自动，设定值为0.0mm。

④ PIC102：过热蒸汽压力投自动，设定值为3.77MPa。

⑤ PI101：给水压力正常控制值为5.0MPa。

⑥ PI105：炉膛压力正常控制值为小于200mmH_2O。

⑦ TI104：油气与CO烟气混烧200℃，最高250℃；油气混烧排烟温度控制值小于180℃。

⑧ POXYGEN：烟道气氧含量：0.9%~3.0%。

⑨ PIC104：燃料气压力投自动，设定值为0.30MPa。

⑩ PIC101：除氧器压力投自动，设定值为2000mmH_2O。

⑪ LIC101：除氧器液位投自动，设定值为400mmH_2O。

(2) 正常工况操作要点：

① 在正常运行中，不允许中断锅炉给水。

② 当给水自动调节投入运行时，仍须经常监视锅炉水位的变化。保持给水量变化平稳，避免调整幅度过大或过急，要经常对照给水流量与蒸汽流量是否相符。若给水自动调整失灵，应改为手动调整给水。

③ 在运行中应经常监视给水压力和给水温度的变化。通过高压泵循环阀调整给水压力；通过除氧器压力间接调整给水温度。

④ 汽包水位计每班冲洗一次，冲洗步骤：a. 开放水阀，冲洗汽、水管和玻璃管。b. 关水阀，冲洗汽管及玻璃管。c. 开水阀，关汽阀，冲洗水管。d. 开汽阀，关放水阀，恢复水位计运行(关放水阀时，水位计中的水位应很快上升，常有轻微波动)。

⑤ 冲洗水位计时的安全注意事项：

a. 冲洗水位计时要注意人身安全，穿戴好劳动保护用具，要背向水位计，以免玻璃管爆裂伤人。

b. 关闭放水阀时要缓慢，因为此时水流量突然截断，压力会瞬时升高，容易使玻璃管爆裂。

c. 防止工具、汗水等碰击玻璃管，以防爆裂。

(3) 汽压和汽温的调整：

① 为确保锅炉燃烧稳定及水循环正常，锅炉蒸发量不应低于40t/h。

② 增减负荷时应及时调整锅炉蒸发量，尽快适应系统的需要。

③ 在下列条件下，应特别注意调整。

a. 负荷变动大或发生事故时。

b. 锅炉并汽增加负荷或低负荷运行时。

c. 启停燃料油泵或油系统在操作时。

d. 投入或解列自动装置时。

e. CO 烟气系统投运和停运时。

f. 燃料油投运和停运时。

g. 各种燃料阀切换时。

h. 停炉前减负荷或炉间过渡负荷时。

④ 手动调整减温水量时，不应猛增猛减。

⑤ 锅炉低负荷时，酌情减少减温水量或停止使用减温器。

（4）锅炉燃烧的调整：

① 在运行中应根据锅炉负荷合理地调整风量，在保证燃烧良好的条件下，尽量降低过剩空气系数，降低锅炉电耗。

② 在运行中应根据负荷情况，采用“多油枪、小油嘴”的运行方式，力求各油枪喷油均匀，压力在 1.5MPa 以上，投入油枪左、右、上、下对称。

③ 在锅炉负荷变化时，应及时调整油量和风量，保持锅炉的汽压和汽温稳定。在增加负荷时，先加风后加油；在减负荷时，先减油后减风。

④ CO 烟气投入前，要烧油或瓦斯，使炉膛温度提高到900℃以上，或锅炉负荷为25t/h以上，燃烧稳定，各部温度正常，并报告厂调与该生产装置联系，当 CO 烟气达到规定指标时，方可投入。

⑤ 在投入 CO 烟气时，应慢慢增加 CO 烟气量，CO 烟气进炉控制蝶阀后压力比炉膛压力高 30mmH_2O，保持 30min，而后再加大 CO 烟气量，使水封罐等均匀预热。

⑥ 凡停烧 CO 烟气时应注意加大其他燃料量，保持原负荷。在停用 CO 烟气后，水封罐上水。以免急剧冷却造成水封罐内层钢板和衬筒严重变形或焊口裂开。

（5）锅炉排污：

① 定期排污在负荷平稳高水位情况下进行。事故处理或负荷有较大波动时，严禁排污。若引起代水位报警时，连续排污也应暂时关闭。

② 每一定排回路的排污持续时间，排污阀全开到全关时间不准超过半分钟，不准同时开启两个或更多的排污阀门。

③ 排污前应做好联系；排污时应注意监视给水压力和水位变化，维持正常水位；排污后应进行全面检查确认各排污门关闭严密。

④ 不允许两台或两台以上的锅炉同时排污。

⑤ 在排污过程中，如果锅炉发生事故，应立即停止排污。

（6）钢珠除灰：

① 锅炉尾部受热面应定期除尘：当燃 CO 烟气时，每天除尘一次，在后夜进行。不烧 CO 烟气时，每星期一后夜班进行一次。停烧 CO 烟气时，增加除尘一次。若排烟温度不正常升高，适当增加除尘次数，每次 30min。

② 钢珠除灰前应做好联系。吹灰时应保持锅炉运行正常，燃烧稳定，并注意汽温、汽压变化。

（7）自动装置运行：

① 锅炉运行时应将自动装置投放运行，投入自动装置应同时具备下列条件：

a. 自动装置的调节机构完整好用。

b. 锅炉运行平稳，参数正常。

c. 锅炉蒸发量在 30t/h 以上。

② 自动装置投入运行时，仍须监视锅炉运行参数的变化，并注意自动装置的动作情况，避免因失灵造成不良后果。

③ 遇到下列情况，解除自动装置，改自动为手动操作：

a. 当汽包水位变化过大，超出其允许变化范围时。

b. 锅炉运行不正常，自动装置不维持其运行参数在允许范围内变化或自动失灵时，应解除有关自动装置。

c. 外部事故，使锅炉负荷波动较大时。

d. 外部负荷变动过大，自动调节跟踪不及时。

e. 调节系统有问题。

3. 正常停车操作规程

停车前应做的工作：

① 彻底排灰(开除尘阀 B32)；

② 冲洗水位计一次。

(1) 锅炉负荷降量：

① 停开加药泵 P103。

② 缓慢开大减温器开度，使蒸汽温度缓慢下降。

③ 缓慢关小主汽阀 D17，降低锅炉蒸汽负荷。

④ 打开疏水阀 D04。

(2) 关闭燃料系统：

① 逐渐关闭 D03 停用 CO 烟气，大小水封上水。

② 缓慢关闭燃料油泵出口阀 D07。

③ 关闭燃料油后，关闭燃料油泵 P105。

④ 停燃料系统后，打开 D07 对火嘴进行吹扫。

⑤ 缓慢关闭高压瓦斯压力调节阀 PV104 及液态烃压力调节阀 PV103。

⑥ 缓慢关闭过热蒸汽压力调节阀 PV102。

⑦ 停燃料系统后，逐渐关闭主蒸汽阀门 D17。

⑧ 同时开启主蒸汽阀前疏水阀，尽量控制炉内压力，使其平缓下降。

⑨ 关闭隔离阀 D02。

⑩ 关闭连续排污阀 D09，并确认定期排污阀 D46 已关闭。

⑪ 关引风机挡板 D01，停鼓风机 P104，关闭烟道挡板 D05。

⑫ 关闭烟道挡板后打开 D28 给大水封上水。

(3) 停上汽包上水：

① 关闭除氧器液位调节阀 LV102。

② 关闭除氧器加热蒸汽压力调节阀 PV101。

③ 关闭低压水泵 P102。

④ 待过热蒸汽压力小于 0.1atm 后，打开 D27 和 D26。

⑤ 待炉膛温度降为 100℃后，关闭高压水泵 P101。

(4) 泄液：

① 除氧器温度(TI105)降至 80℃后，打开 D41 泄液。

② 炉膛温度(TI101)降至 80℃后，打开 D43 泄液。

③ 开启鼓风机入口挡板 D01. 鼓风机 P104 和烟道挡板 D05 对炉膛进行吹扫，然后关闭。

4. 仪表一览表

锅炉单元仪表一览表见表 2-11。

表 2-11　锅炉单元仪表一览表

位号	说　明	类型	正常值	量程高限	量程低限	工程单位	高报	低报	高高报	低低报
LIC101	除氧器水位	PID	400. 0	800. 0	0. 0	mm	500. 0	300. 0	600. 0	200. 0
LIC102	上汽包水位	PID	0. 0	300. 0	-300. 0	mm	75. 0	-75. 0	120. 0	-120. 0
TIC101	过热蒸汽温度	PID	447. 0	600. 0	0. 0	℃	450. 0	430. 0	465. 0	415. 0
PIC101	除氧器压力	PID	2000. 0	4000. 0	0. 0	mmH_2O	2500. 0	1800. 0	3000. 0	1500. 0
PIC102	过热蒸汽压力	PID	3. 77	6. 0	0. 0	MPa	3. 85	3. 7	4. 0	3. 5
PIC103	液态烃压力	PID		0. 6	0. 0	MPa				
PIC104	高压瓦斯压力	PID	0. 30	1. 0	0. 0	MPa	0. 8	0. 005	0. 9	0. 001
FI101	软化水流量	AI		200. 0	0. 0	t/h				
FI102	止催化除氧水流量	AI		200. 0	0. 0	t/h				
FI103	锅炉上水流量	AI		80. 0	0. 0	t/h				
FI104	减温水流量	AI		20. 0	0. 0	t/h				
FI105	过热蒸汽输出流量	AI	65. 0	80. 0	0. 0	t/h				
FI106	高压瓦斯流量	AI		3000. 0	0. 0	Nm^3/h				
FI107	燃料油流量	AI		8. 0	0. 0	Nm^3/h				
FI108	烟气流量	AI		200000. 0	0. 0	Nm^3/h				
LI101	大水封液位	AI		100. 0	0. 0	%				
LI102	小水封液位	AI		100. 0	0. 0	%				
PI101	锅炉上水压力	AI	5. 0	10. 0	0. 0	MPa	6. 5	4. 5	7. 5	3. 5
PI102	烟气出口压力	AI		40. 0	0. 0	mmH_2O				
PI103	上汽包压力	AI		6. 0	0. 0	MPa				
PI104	鼓风机出口压力	AI		600. 0	0. 0	mmH_2O				
PI105	炉膛压力	AI	200. 0	400. 0	0. 0	mmH_2O				
TI101	炉膛烟温	AI		1200. 0	0. 0	℃	1100. 0	800. 0	1150. 0	600. 0
TI102	省煤器入口东烟温	AI		700. 0	0. 0	℃				
TI103	省煤器入口西烟温	AI		700. 0	0. 0	℃				
TI104	排烟段东烟温：油气+CO 油气	AI	200. 0 180. 0	300. 0	0. 0	℃				
TI105	除氧器水温	AI		200. 0	0. 0	℃				
POXYGEN	烟气出口氧含量	AI	0. 9-3. 0	21. 0	0. 0	$\%O_2$	3. 0	0. 5	5. 0	0. 1

三、事故设置一览

1. 锅炉满水

现象：水位计液位指示突然超过可见水位上限(+300mm)，由于自动调节，给水量减少。

原因：水位计没有注意维护，暂时失灵后正常。

排除方法：紧急停炉。

2. 锅炉缺水

现象：锅炉水位逐渐下降。

原因：给水泵出口的给水调节阀阀杆卡住，流量小。

排除方法：打开给水阀的大、小旁路手动控制给水。

3. 对流管坏

现象：水位下降，蒸汽压力下降，给水压力下降，烟气温度下降。

原因：对流管开裂，汽水漏入炉膛。

排除方法：紧急停炉处理。

4. 减温器坏

现象：过热蒸汽温度降低，减温水量不正常地减少，蒸汽温度调节器不正常地出现忽大、忽小振荡。

原因：减温器出现内漏，减温水进入过热蒸汽，使汽温下降。此时汽温为自动控制状态，所以减温水调节阀关小，使汽温回升，调节阀再次开启。如此往复形成振荡。

排除方法：降低负荷。将汽温调节器打手动，并关减温水调节阀。改用过热器疏水阀暂时维持运行。

5. 蒸汽管坏

现象：给水量上升，但蒸汽量反而略有下降，给水量蒸汽量不平衡，炉负荷呈上升趋势。

原因：蒸汽流量计前部蒸汽管爆破。

排除方法：紧急停炉处理。

6. 给水管坏

现象：上水不正常减小，除氧器和锅炉系统物料不平衡。

原因：上水流量计前给水管破裂。

排除方法：紧急停炉。

7. 二次燃烧

现象：排烟温度不断上升，超过 250℃，烟道和炉膛正压增大。

原因：省煤器处发生二次燃烧。

排除方法：紧急停炉。

8. 电源中断

现象：突发性出现风机停，高低压泵停，烟气停，油泵停，锅炉灭火等综合性现象。

原因：电源中断。

排除方法：紧急停炉。

紧急停炉具体步骤：

（1）上汽包停止上水：

① 停加药泵 P103。

② 关闭上汽包液位调节阀 LV102。

③ 关闭上汽包与省煤器之间的再循环阀 B10。

④ 打开下汽包泄液阀 D43。

（2）停燃料系统：

① 关闭过热蒸汽调节阀 PV102。

② 关闭喷射器入口阀 B17。

③ 关闭燃料油泵出口阀 D07。

④ 打开吹扫阀 B07 对火嘴进行吹扫。

（3）降低锅炉负荷

① 关闭主汽阀前疏水阀 D04。

② 关闭主汽阀 D17。

③ 打开过热蒸汽排空阀 D12 和上汽包排空阀 D26。

④ 停引风机 P104 和烟道挡板 D05。

四、仿真界面

锅炉单元仿真界面见图 2-28～图 2-31 所示。

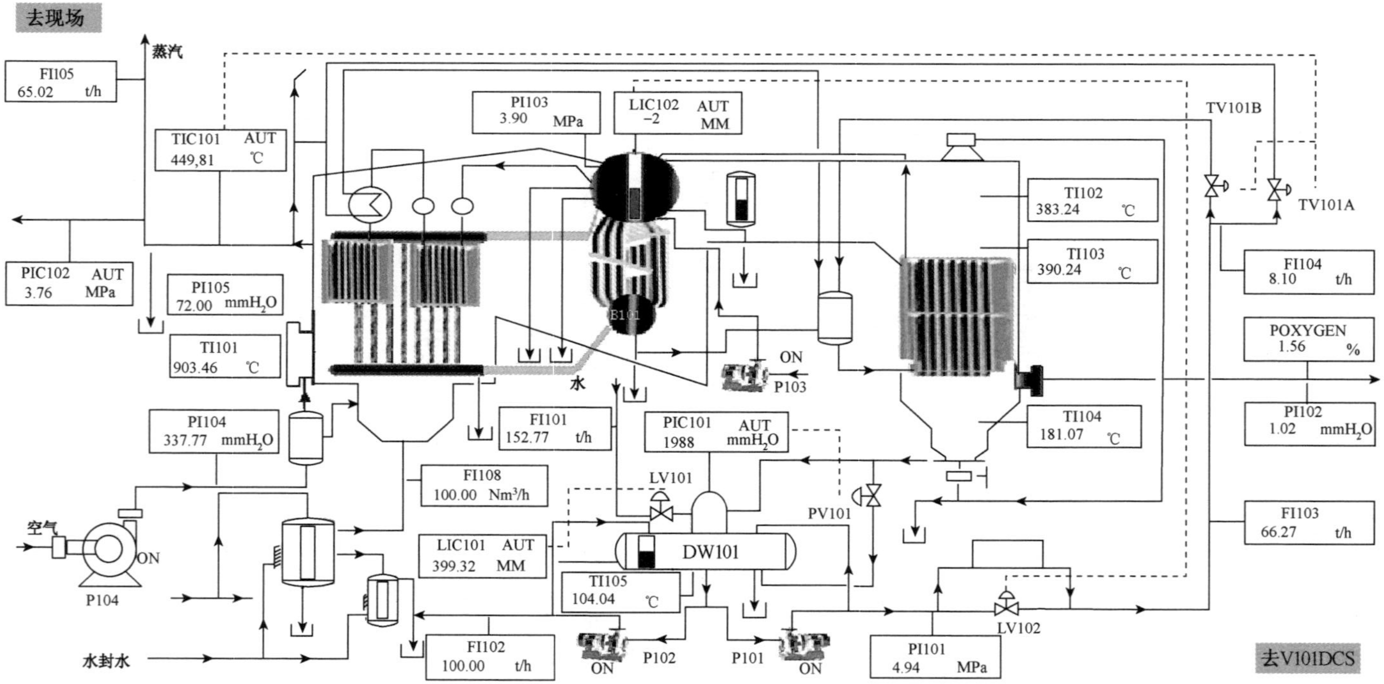

图 2－28　锅炉供气系统 DCS 界面

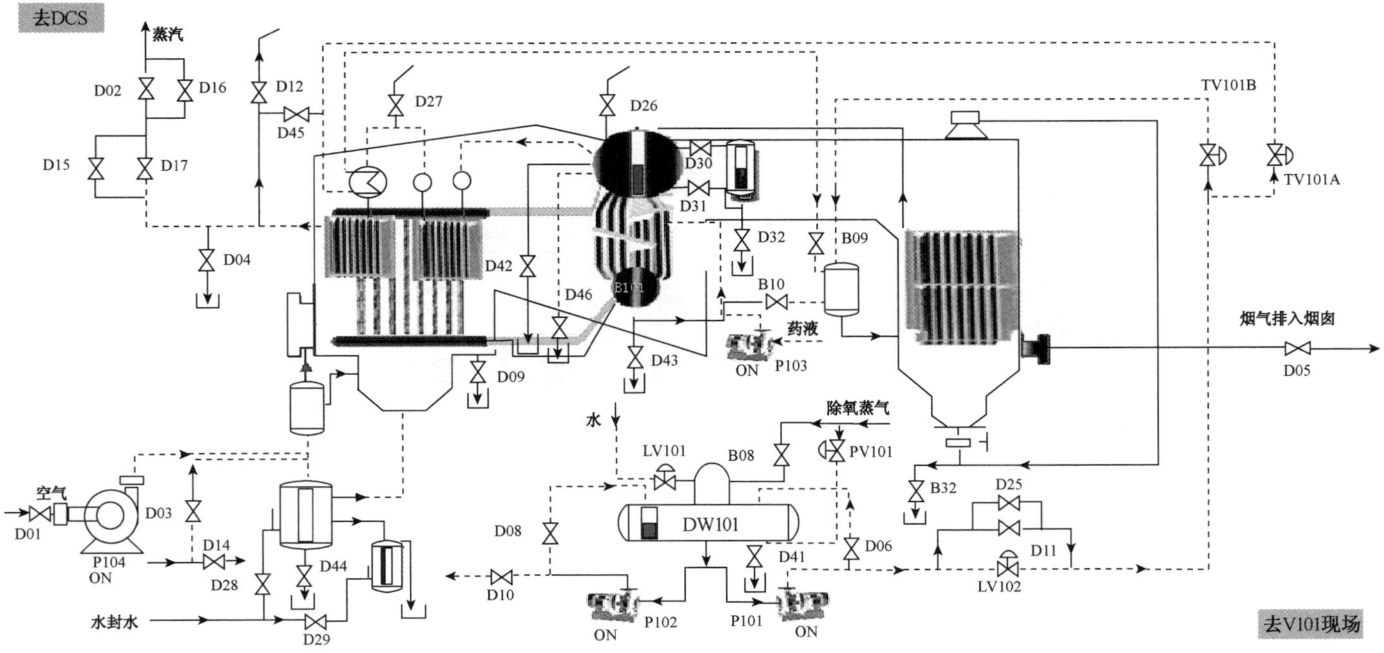

图 2－29　锅炉供气系统现场界面

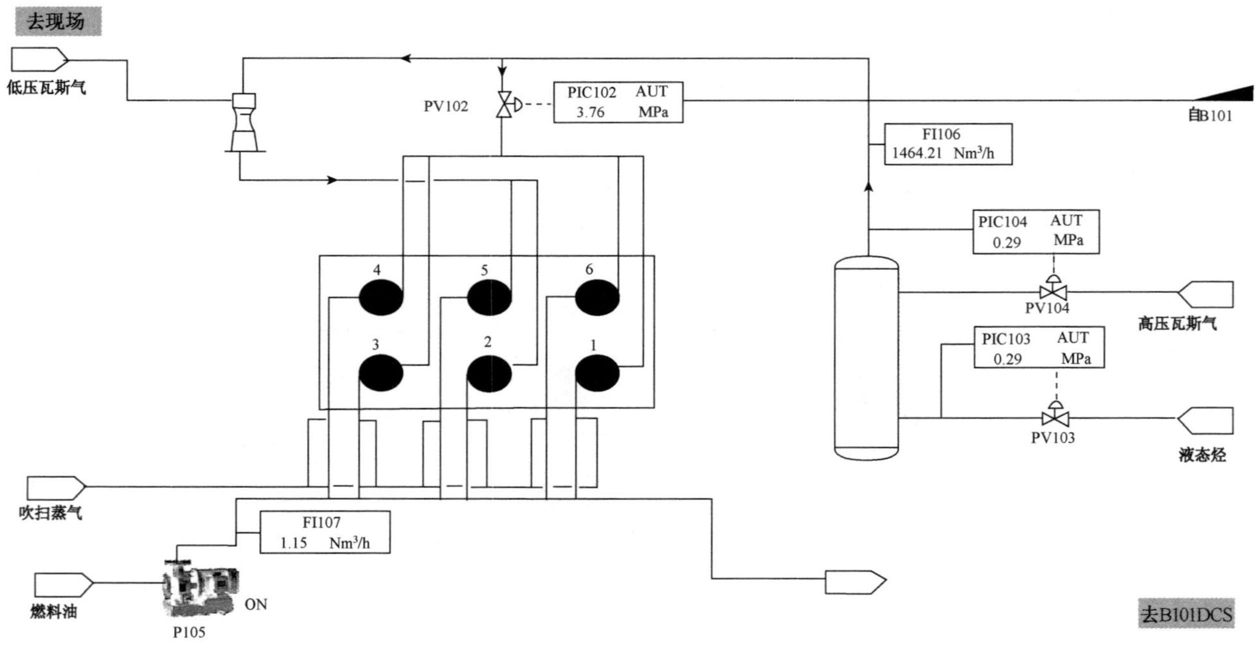

图 2-30 锅炉燃气系统 DCS 界面

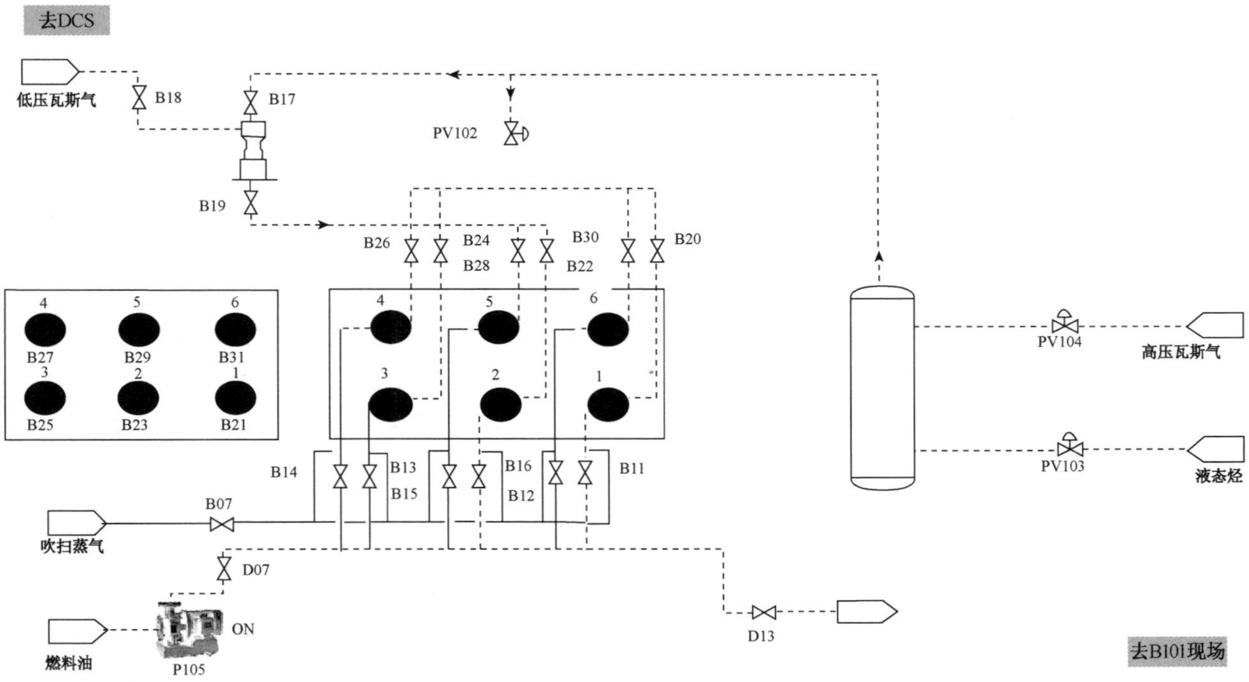

图 2－31 锅炉燃气系统现场界面

思考题

1. 观察在出现锅炉负荷(锅炉给水)剧减时，汽包水位将出现什么变化？为什么？
2. 具体指出本单元中减温器的作用。
3. 说明为什么上下汽包之间的水循环不用动力设备，其动力何在?
4. 结合本单元 TIC101，具体说明分程控制的作用和工作原理。

实训十二　CO_2压缩机单元

一、工艺流程简述

CO_2压缩机单元是将合成氨装置的原料气CO_2经本单元压缩做功后送往下一工段尿素合成工段，采用的是以汽轮机驱动的四级离心压缩机。其机组主要由压缩机主机、驱动机、润滑油系统、控制油系统和防喘振装置组成。

1. 离心式压缩机工作原理

离心式压缩机的工作原理和离心泵类似，气体从中心流入叶轮，在高速转动的叶轮作用下，随叶轮作高速旋转并沿半径方向甩出来。叶轮在驱动机械的带动下旋转，把所得到的机械能通过叶轮传递给流过叶轮的气体，即离心压缩机通过叶轮对气体作了功。气体一方面受到旋转离心力的作用增加了气体本身的压力，另一方面又得到了很大的动能。气体离开叶轮后，这部分速度能在通过叶轮后的扩压器、回流弯道的过程中转变为压力能，进一步使气体的压力提高。

离心式压缩机中，气体经过一个叶轮压缩后压力的升高是有限的。因此在要求升压较高的情况下，通常都有许多级叶轮一个接一个、连续地进行压缩，直到最末一级出口达到所要求的压力为止。压缩机的叶轮数越多，所产生的总压头也愈大。气体经过压缩后温度升高，当要求压缩比较高时，常常将气体压缩到一定的压力后，从缸内引出，在外设冷却器冷却降温，然后再导入下一级继续压缩。这样依冷却次数的多少，将压缩机分成几段，一个段可以是一级或多级。

2. 离心式压缩机的喘振现象及防止措施

离心压缩机的喘振是由于操作不当，使进口气体流量过小而产生的一种不正常现象。当进口气体流量不适当地减小到一定值时，气体进入叶轮的流速过低，气体不再沿叶轮流动，在叶片背面形成很大的涡流区，甚至充满整个叶道而把通道塞住，气体只能在涡流区打转而流不出来。这时系统中的气体自压缩机出口倒流进入压缩机，暂时弥补进口气量的不足。虽然压缩机似乎恢复了正常工作，重新压出气体，但当气体被压出后，由于进口气体仍然不足，上述倒流现象重复出现。这样一种在出口处时而倒吸时而吐出的气流，引起出口管道低频、高振幅的气流脉动，并迅速波及各级叶轮，于是整个压缩机产生噪声和振动，这种现象称为喘振。喘振对机器是很不利的，振动过分会产生局部过热，时间过久甚至会造成叶轮破碎等严重事故。

当喘振现象发生后，应设法立即增大进口气体流量。方法是利用防喘振装置，将压缩机出口的一部分气体经旁路阀回流到压缩机的进口，或打开出口放空阀，降低出口压力。

3. 离心式压缩机的临界转速

由于制造原因，压缩机转子的重心和几何中心往往是不重合的，因此在旋转的过程中产生了周期性变化的离心力。这个力的大小与制造的精度有关，而其频率就是转子的转速。如果产生离心力的频率与轴的固有频率一致时，就会由于共振而产生强烈振动，严重时会使机器损坏，这个转速就称为轴的临界转速。临界转速不只是一个，因而分别称为第一临界转速、第二临界转速等。

压缩机的转子不能在接近于各临界转速下工作。离心泵的正常转速比第一临界转速低，这种轴叫做刚性轴。离心压缩机的工作转速往往高于第一临界转速而低于第二临界转速，这种轴称为挠性轴。为了防止振动，离心压缩机在启动和停车过程中，必须较快地越过临界转速。

4. 离心式压缩机的结构

离心式压缩机由转子和定子两大部分组成。转子由主轴、叶轮、轴套和平衡盘等部件组成。所有的旋转部件都安装在主轴上，除轴套外，其他部件用键固定在主轴上。主轴安装在径向轴承上，以利于旋转。叶轮是离心式压缩机的主要部件，其上有若干个叶片，用以压缩气体。

气体经叶片压缩后压力升高，因而每个叶片两侧所受到气体压力不一样，产生了方向指向低压端的轴向推力，可使转子向低压端窜动，严重时可使转子与定子发生摩擦和碰撞。为了消除轴向推力，在高压端外侧装有平衡盘和止推轴承。平衡盘一边与高压气体相通，另一边与低压气体相通，用两边的压力差所产生的推力平衡轴向推力。

离心式压缩机的定子由气缸、扩压室、弯道、回流器、隔板、密封、轴承等部件组成。气缸也称机壳，分为水平剖分和垂直剖分两种形式。水平剖分就是将机壳分成上下两部分，上盖可以打开，这种结构多用于低压。垂直剖分就是筒型结构，由圆筒形本体和端盖组成，多用于高压。气缸内有若干隔板，将叶片隔开，并组成扩压器和弯道、回流器。

为了防止级间窜气或向外漏气，都设有级间密封和轴密封。

离心式压缩机的辅助设备有中间冷却器、气液分离器和油系统等。

5. 汽轮机的工作原理

汽轮机又称为蒸汽透平，是用蒸汽做功的旋转式原动机。进入汽轮机的高压、高温蒸汽，由喷嘴喷出，经膨胀降压后，形成的高速气流按一定方向冲动汽轮机转子上的动叶片，带动转子按一定速度均匀地旋转，从而将蒸汽的能量转变成机械能。

由于能量转换方式不同，汽轮机分为冲动式和反动式两种，在冲动式中，蒸汽只在喷嘴中膨胀，动叶片只受到高速气流的冲动力。在反动式汽轮机中，蒸汽不仅在喷嘴中膨胀，而且还在叶片中膨胀，动叶片既受到高速气流的冲动力，同时受到蒸汽在叶片中膨胀时产生的反作用力。

根据汽轮机中叶轮级数不同，可分为单极或多极两种。按热力过程不同，汽轮机可分为背压式、凝气式和抽气凝气式。背压式汽轮机的蒸汽经膨胀做功后以一定的温度和压力排出汽轮机，可继续供工艺使用；凝气式蒸汽轮机的进气在膨胀做功后，全部排入冷凝器凝结为水；抽气凝气式汽轮机的进气在膨胀做功时，一部分蒸汽在中间抽出去作为其他用，其余部分继续在汽缸中做功，最后排入冷凝器冷凝。

6. 工艺流程简述

（1）CO_2 流程说明：

来自合成氨装置的原料气 CO_2 压力为 150kPa(A)，温度 38℃，流量由 FR8103 计量，进入 CO_2 压缩机一段分离器 V-111，在此分离掉 CO_2 气相中夹带的液滴后进入 CO_2 压缩机的一段入口，经过一段压缩后，CO_2 压力上升为 0.38MPa(A)，温度 194℃，进入一段冷却器 E-119 用循环水冷却到 43℃，为了保证尿素装置防腐所需氧气，在 CO_2 进入 E-119 前加入适量来自合成氨装置的空气，流量由 FRC-8101 调节控制，CO_2 气中氧含量 0.25%0.35%，在一段分离器 V-119 中分离掉液滴后进入二段进行压缩，二段出口 CO_2 压力为 1.866MPa(A)，温度为 227℃。然后进入二段冷却器 E-120 冷却到 43℃，并经二段分离器 V-120 分离掉液滴后进入三段。

在三段入口设计有段间放空阀。便于低压缸 CO_2 压力控制和快速泄压，CO_2 经三段压缩后压力升到 8.046MPa(A)，温度 214℃，进入三段冷却器 E-121 中冷却。为防止 CO_2 过度冷却而生成干冰，在三段冷却器冷却水回水管线上设计有温度调节阀 TV-8111，用此阀来控制四段入口 CO_2 温度在 5055℃之间。冷却后的 CO_2 进入四段压缩后压力升到 15.5MPa(A)，温度为 121℃，进入尿素高压合成系统。为防止 CO_2 压缩机高压缸超压、喘振，在四段出口管线上设计有四回一阀 HV-8162(即 HIC8162)。

(2) 蒸汽流程说明：

主蒸汽压力 5.882MPa，温度 450℃，流量 82t/h，进入透平做功，其中一大部分在透平中部被抽出，抽汽压力 2.598MPa，温度 350℃，流量 54.4t/h，送至框架，另一部分通过中压调节阀进入透平后汽缸继续做功，做完功后的乏汽进入蒸气冷凝系统。

7. 工艺仿真范围

(1) 工艺范围：二氧化碳压缩、透平机、油系统。

(2) 边界条件：所有各公用工程部分：水、电、汽、风等均处于正常平稳状况。

(3) 现场操作：现场手动操作的阀、机、泵等，根据开车、停车及事故设定的需要等进行设计。调节阀的前后截止阀不进行仿真。

8. 主要设备列表

(1) CO_2 气路系统：E-119、E-120、E-121、V-111、V-119、V-120、V-121、K-101。

(2) 蒸汽透平及油系统：DSTK-101、油箱、油温控制器、油泵、油冷器、油过滤器、盘车油泵、稳压器、速关阀、调速器、调压器。

(3) 设备说明(E：换热器；V：分离器)见表 2-12。

表 2-12　设备位号

流程图位号	主要设备
U8001	E-119(CO_2 一段冷却器), E-120(CO_2 二段冷却器), E-121(CO_2 二段冷却器), V-111(CO_2 一段分离器), V-120(CO_2 二段分离器), V-121(CO_2 三段分离器) DSTK-101(CO_2 压缩机组透平)
U8002	DSTK-101 油箱、油泵、油冷器、油过滤器、盘车油泵

(4) 主要控制阀列表见表 2-13。

表 2-13　主要控制阀位号

位号	说明	所在流程图位号
FRC8103	配空气流量控制	U8001
LIC8101	V111 液位控制	U8001
LIC8167	V119 液位控制	U8001

位　号	说　明	所在流程图位号
LIC8170	V120 液位控制	U8001
LIC8173	V121 液位控制	U8001
HIC8101	段间放空阀	U8001
HIC8162	四回一防喘振阀	U8001
PIC8241	四段出口压力控制	U8001
HS8001	透平蒸汽速关阀	U8002
HIC8205	调速阀	U8002
PIC8224	抽出中压蒸汽压力控制	U8002

二、工艺操作规程

1. 冷态开车

（1）准备工作：引循环水。

压缩机岗位 E119 开循环水阀 OMP1001，引入循环水；

压缩机岗位 E120 开循环水阀 OMP1002，引入循环水；

压缩机岗位 E121 开循环水阀 TIC8111，引入循环水。

（2）CO_2 压缩机油系统开车：

在辅助控制盘上启动油箱油温控制器 OMP1045，将油温升到 40℃左右；

打开油泵的前切断阀 OMP1026；

打开油泵的后切断阀 OMP1048；

从辅助控制盘上开启主油泵 OIL PUMP；

调整油泵回路阀 TMPV186，将控制油压力控制在 0.9MPa 以上。

（3）盘车：

开启盘车泵的前切断阀 OMP1031；

开启盘车泵的后切断阀 OMP1032；

从辅助控制盘启动盘车泵；

在辅助控制盘上按盘车按钮盘车至转速大于 150r/min；

检查压缩机有无异常响声，检查振动、轴位移等。

（4）停止盘车：

在辅助控制盘上按盘车按钮停盘车；

从辅助控制盘停盘车泵；

关闭盘车泵的后切断阀 OMP1032；

关闭盘车泵的前切断阀 OMP1031。

（5）联锁试验：

油泵自启动试验：主油泵启动且将油压控制正常后，在辅助控制盘上将辅助油泵自动启动按钮按下，按一下 RESET 按钮，打开透平蒸汽速关阀 HS8001，再在辅助控制盘上按停主油泵，辅助油泵应该自行启动，联锁不应动作。

低油压联锁试验：主油泵启动且将油压控制正常后，确认在辅助控制盘上没有将辅助油泵设置为自动启动，按一下 RESET 按钮，打开透平蒸汽速关阀 HS8001。

关闭四回一阀和段间放空阀，通过油泵回路阀缓慢降低油压，当油压降低到一定值时，仪表盘 PSXL8372 应该报警，按确认后继续开大阀降低油压，检查联锁是否动作，动作后透平蒸汽速关阀 HS8001 应该关闭，关闭四回一阀和段间放空阀应该全开。

停车试验：主油泵启动且将油压控制正常后，按一下 RESET 按钮，打开透平蒸汽速关阀 HS8001，关闭四回一阀和段间放空阀，在辅助控制盘上按一下 STOP 按钮，透平蒸汽速关阀 HS8001 应该关闭，关闭四回一阀和段间放空阀应该全开。

（6）暖管暖机：

在辅助控制盘上点辅油泵自动启动按钮，将辅油泵设置为自启动；

打开入界区蒸汽副线阀 OMP1006，准备引蒸汽；

打开蒸汽透平主蒸汽管线上的切断阀 OMP1007，压缩机暖管；

打开 CO_2 放空截止阀 TMPV102；

打开 CO_2 放空调节阀 PIC8241；

透平入口管道内蒸汽压力上升到 5.0MPa 后，开入界区蒸汽阀 OMP1005；

关副线阀 OMP1006；

打开 CO_2 进料总阀 OMP1004；

全开 CO_2 进口控制阀 TMPV104；

打开透平抽出截止阀 OMP1009；

从辅助控制盘上按一下 RESET 按钮，准备冲转压缩机；

打开透平速关阀 HS8001；

逐渐打开阀 HIC8205，将转速 SI8335 提高到 1000r/min，进行低速暖机；

控制转速 1000r/min，暖机 15min（模拟为 1min）；

打开油冷器冷却水阀 TMPV181；

暖机结束，将机组转速缓慢提到 2000r/min，检查机组运行情况；

检查压缩机有无异常响声，检查振动、轴位移等；

控制转速 2000r/min，停留 15min（模拟为 1min）；

（7）过临界转速：

继续开大 HIC8205，将机组转速缓慢提到 3000r/min，准备过临界转速（30003500）；

继续开大 HIC8205，用 2030s 的时间将机组转速缓慢提到 4000r/min，通过临界转速；

逐渐打开 PIC8224 到 50%；

缓慢将段间放空阀 HIC8101 关小到 72%；

将 V111 液位控制 LIC8101 投自动，设定值在 20%左右；

将 V119 液位控制 LIC8167 投自动，设定值在 20%左右；

将 V120 液位控制 LIC8170 投自动，设定值在 20%左右；

将 V121 液位控制 LIC8173 投自动，设定值在 20%左右；

将 TIC8111 投自动，设定值在 52℃左右。

（8）升速升压：

继续开大 HIC8205，将机组转速缓慢提到 5500r/min；

缓慢将段间放空阀 HIC8101 关小到 50%；

继续开大 HIC8205，将机组转速缓慢提到 6050r/min；

缓慢将段间放空阀 HIC8101 关小到 25%；

缓慢将四回一阀 HIC8162 关小到 75%；

继续开大 HIC8205，将机组转速缓慢提到 6400r/min；
缓慢将段间放空阀 HIC8101 关闭；
缓慢将四回一阀 HIC8162 关闭；
继续开大 HIC8205，将机组转速缓慢提到 6935r/min；
调整 HIC8205，将机组转速 SI8335 稳定在 6935r/min。

（9）投料：逐渐关小 PIC8241，缓慢将压缩机四段出口压力提升到 14.4MPa，平衡合成系统压力；

打开 CO_2 出口阀 OMP1003；

继续手动关小 PIC8241，缓慢将压缩机四段出口压力提升到 15.4MPa，将 CO_2 引入合成系统；

当 PIC8241 控制稳定在 15.4MPa 左右后，将其设定在 15.4 投自动。

2. 正常操作工艺指标

正常操作工艺指标见表 2-14。

表 2-14 正常操作工艺指标

表位号	测量点位置	常值	单位
TR8102	CO_2 原料气温度	40	℃
TI8103	CO_2 压缩机一段出口温度	190	℃
PR8108	CO_2 压缩机一段出口压力	0.28	MPa(G)
TI8104	CO_2 压缩机一段冷却器出口温度	43	℃
FRC8101	二段空气补加流量	330	kg/h
FR8103	CO_2 吸入流量	27000	Nm^3/h
FR8102	三段出口流量	27330	Nm^3/h
AR8101	含氧量	0.250.3	%
TE8105	CO_2 压缩机二段出口温度	225	℃
PR8110	CO_2 压缩机二段出口压力	1.8	MPa(G)
TI8106	CO_2 压缩机二段冷却器出口温度	43	℃
TI8107	CO_2 压缩机三段出口温度	214	℃
PR8114	CO_2 压缩机三段出口压力	8.02	MPa(G)
TIC8111	CO_2 压缩机三段冷却器出口温度	52	℃
TI8119	CO_2 压缩机四段出口温度	120	℃
PIC8241	CO_2 压缩机四段出口压力	15.4	MPa(G)
PIC8224	出透平中压蒸汽压力	2.5	MPa(G)
Fr8201	入透平蒸汽流量	82	t/h
FR8210	出透平中压蒸汽流量	54.4	t/h
TI8213	出透平中压蒸汽温度	350	℃
TI8338	CO_2 压缩机油冷器出口温度	43	℃
PI8357	CO_2 压缩机油滤器出口压力	0.25	MPa(G)
PI8361	CO_2 控制油压力	0.95	MPa(G)
SI8335	压缩机转速	6935	r/min
XI8001	压缩机振动	0.022	mm
GI8001	压缩机轴位移	0.24	mm

3. 正常停车

（1）CO_2 压缩机停车：

调节 HIC8205 将转速降至 6500r/min；

调节 HIC8162，将负荷减至 21000Nm^3/h；

继续调节 HIC8162，抽汽与注汽量，直至 HIC8162 全开；

手动缓慢打开 PIC8241，将四段出口压力降到 14.5MPa 以下，CO_2 退出合成系统；

关闭 CO_2 入合成总阀 OMP1003；

继续开大 PIC8241 缓慢降低四段出口压力到 8.010.0MPa；

调节 HIC8205 将转速降至 6403r/min；

继续调节 HIC8205 将转速降至 6052r/min；

调节 HIC8101，将四段出口压力降至 4.0MPa；

继续调节 HIC8205 将转速降至 3000r/min；

继续调节 HIC8205 将转速降至 2000r/min；

在辅助控制盘上按 STOP 按钮，停压缩机；

关闭 CO_2 入压缩机控制阀 TMPV104；

关闭 CO_2 入压缩机总阀 OMP1004；

关闭蒸汽抽出至 MS 总阀 OMP1009；

关闭蒸汽至压缩机工段总阀 OMP1005；

关闭压缩机蒸汽入口阀 OMP1007。

（2）油系统停车：

从辅助控制盘上取消辅油泵自启动；

从辅助控制盘上停运主油泵；

关闭油泵进口阀 OMP1048；

关闭油泵出口阀 OMP1026；

关闭油冷器冷却水阀 TMPV181；

从辅助控制盘上停油温控制。

4. 工艺报警及联锁系统

（1）工艺报警及联锁说明：

为了保证工艺、设备的正常运行，防止事故发生，在设备重点部位安装检测装置并在辅助控制盘上设有报警灯进行提示，以提前进行处理将事故消除。

工艺联锁是设备处于不正常运行时的自保系统，本单元设计了两个联锁自保措施：

① 压缩机振动超高联锁（发生喘振）：

动作：20s 后（主要是为了方便培训人员处理）自动进行以下操作：

关闭透平速关阀 HS8001、调速阀 HIC8205、中压蒸汽调压阀 PIC8224；

全开防喘振阀 HIC8162、段间放空阀 HIC8101。

处理：在辅助控制盘上按 RESET 按钮，按冷态开车中暖管暖机冲转开始重新开车。

② 油压低联锁：

动作：自动进行以下操作：

关闭透平速关阀 HS8001、调速阀 HIC8205、中压蒸汽调压阀 PIC8224；

全开防喘振阀 HIC8162、段间放空阀 HIC8101。

处理：找到并处理造成油压低的原因后在辅助控制盘上按RESET按钮，按冷态开车中油系统开车起重新开车。

（2）工艺报警及联锁触发值见表2-15。

表2-15 工艺报警及联锁触发值

位号	检测点	触发值
PSXL8101	V111压力	≤0.09MPa
PSXH8223	蒸汽透平背压	≥2.75MPa
LSXH8165	V119液位	≥85%
LSXH8168	V120液位	≥85%
LSXH8171	V121液位	≥85%
LAXH8102	V111液位	≥85%
SSXH8335	压缩机转速	≥7200r/min
PSXL8372	控制油油压	≤0.85MPa
PSXL8359	润滑油油压	≤0.2MPa
PAXH8136	CO_2四段出口压力	≥16.5MPa
PAXL8134	CO_2四段出口压力	≤14.5MPa
SXH8001	压缩机轴位移	≥0.3mm
SXH8002	压缩机径向振动	≥0.03mm
振动联锁		XI8001≥0.05mm或GI8001≥0.5mm(20s后触发)
油压联锁		PI8361≤0.6MPa
辅油泵自启动联锁		PI8361≤0.8MPa

三、事故列表

1. 压缩机振动大

（1）原因：机械方面的原因，如轴承磨损，平衡盘密封坏，找正不良，轴弯曲，连轴节松动等设备本身的原因；转速控制方面的原因，机组接近临界转速下运行产生共振；工艺控制方面的原因，主要是操作不当造成计算机喘振。

（2）处理措施(模拟中只有20s的处理时间，处理不及时就会发生联锁停车)：机械方面故障需停车检修；产生共振时，需改变操作转速，另外在开停车过程中过临界转速时应尽快通过；当压缩机发生喘振时，找出发生喘振的原因，并采取相应的措施：

① 入口气量过小：打开防喘振阀HIC8162，开大入口控制阀开度；

② 出口压力过高：打开防喘振阀HIC8162，开大四段出口排放调节阀开度；

③ 操作不当，开关阀门动作过大：打开防喘振阀HIC8162，消除喘振后再精心操作。

（3）预防措施：

① 离心式压缩机一般都设有振动检测装置，在生产过程中应经常检查，发现轴振动或位移过大，应分析原因，及时处理。

② 喘振预防：应经常注意压缩机气量的变化，严防入口气量过小而引发喘振。在开车时应遵循“升压先升速”的原则，先将防喘振阀打开，当转速升到一定值后，再慢慢关小防喘振阀，将出口压力升到一定值，然后再升速，使升速、升压交替缓慢进行，直到满足工艺

要求。停车时应遵循“降压先降速”的原则，先将防喘振阀打开一些，将出口压力降低到某一值，然后再降速，降速、降压交替进行，直到泄完压力再停机。

2. 压缩机辅助油泵自动启动

（1）原因：辅助油泵自动启动的原因是由于油压低引起的自保措施，一般情况下是由以下两种原因引起的：① 油泵出口过滤器堵塞；② 油泵回路阀开度过大。

（2）处理措施：关小油泵回路阀；按过滤器清洗步骤清洗油过滤器；从辅助控制盘停辅助油泵。

（3）预防措施：油系统正常运行是压缩机正常运行的重要保证，因此，压缩机的油系统也设有各种检测装置，如油温、油压、过滤器压降、油位等，生产过程中要对这些内容经常进行检查，油过滤器要定期切换清洗。

3. 四段出口压力偏低 CO_2 打气量偏少

（1）原因：压缩机转速偏低；防喘振阀未关死；压力控制阀 PIC8241 未投自动，或未关死

（2）处理措施：将转速调到 6935r/min；关闭防喘振阀；关闭压力控制阀 PIC8241。

（3）预防措施：压缩机四段出口压力和下一工段的系统压力有很大的关系，下一工段系统压力波动也会造成四段出口压力波动，也会影响到压缩机的打气量，所以在生产过程中下一系统合成系统压力应该控制稳定，同时应该经常检查压缩机的吸气流量、转速、排放阀和防喘振阀以及段间放空阀的开度，正常工况下这三个阀应该尽量保持关闭状态，以保持压缩机的最高工作效率。

4. 压缩机因喘振发生联锁跳车

（1）原因：操作不当，压缩机发生喘振，处理不及时。

（2）处理措施：关闭 CO_2 去尿素合成总阀 OMP1003；在辅助控制盘上按一下 RESET 按钮；按冷态开车步骤中暖管暖机冲转开始重新开车。

（3）预防措施：按振动过大中喘振预防措施预防喘振发生，一旦发生喘振要及时按其处理措施进行处理，及时打开防喘振阀。

5. 压缩机三段冷却器出口温度过低

（1）原因：冷却水控制阀 TIC8111 未投自动，阀门开度过大。

（2）处理措施：① 关小冷却水控制阀 TIC8111，将温度控制在 52℃左右；② 控制稳定后将 TIC8111 设定在 52℃投自动。

（3）预防措施：二氧化碳在高压下温度过低会析出固体干冰，干冰会损坏压缩机叶轮，而影响到压缩机的正常运行，因而压缩机运行过程中应该经常检查该点温度，将其控制在正常工艺指标范围之内。

四、仿真界面

CO_2 压缩机单元仿真界面见图 2-32 图 2-36 所示。

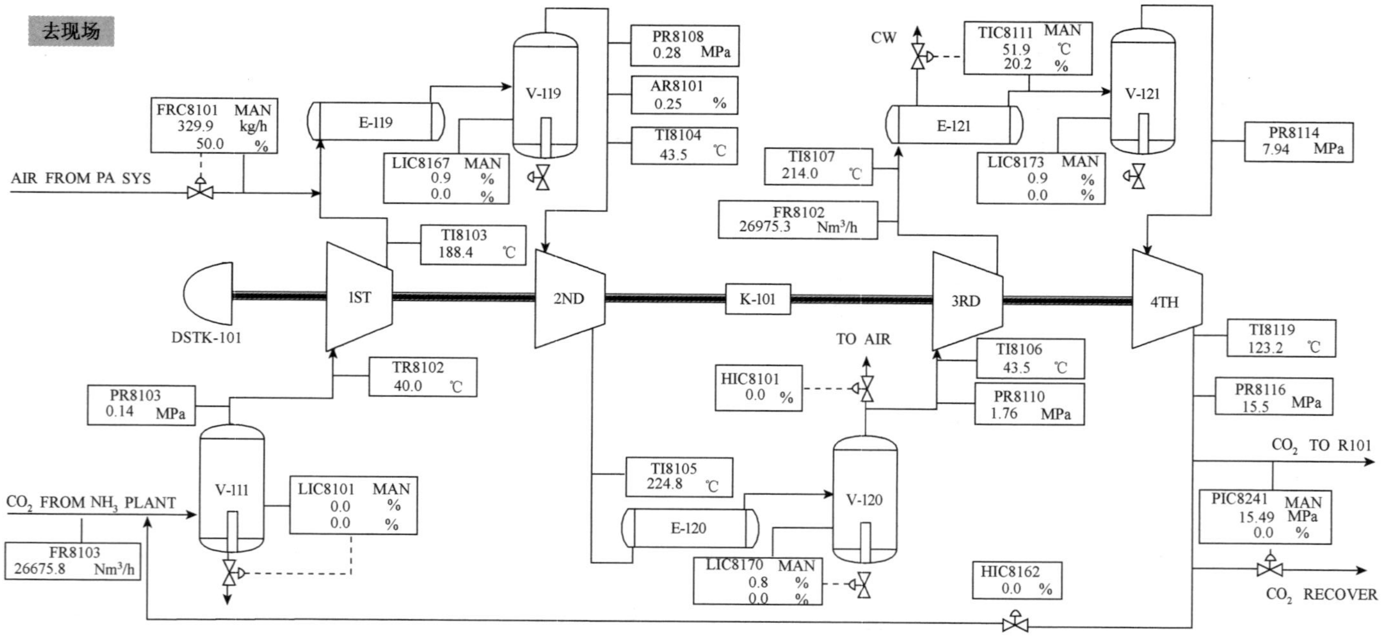

图 2－32　CO_2 气路系统 DCS 图（U8001）

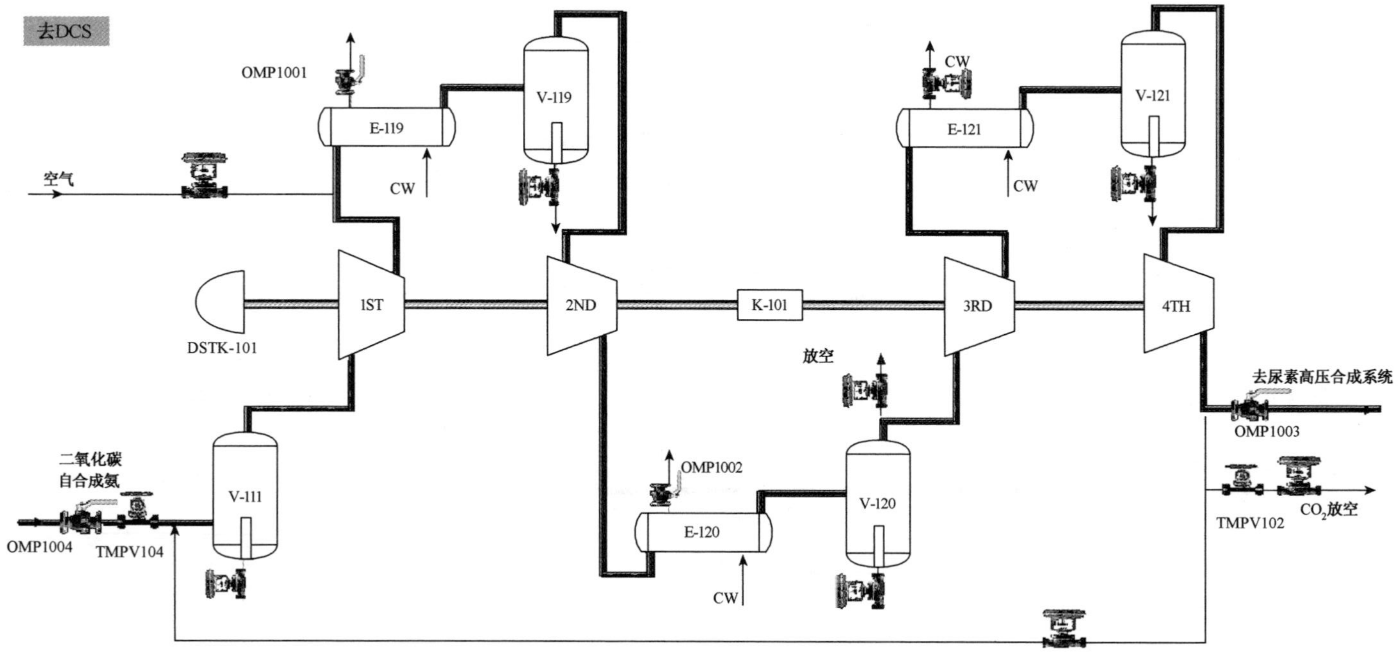

图 2－33　CO_2 气路系统现场图(U8001F)

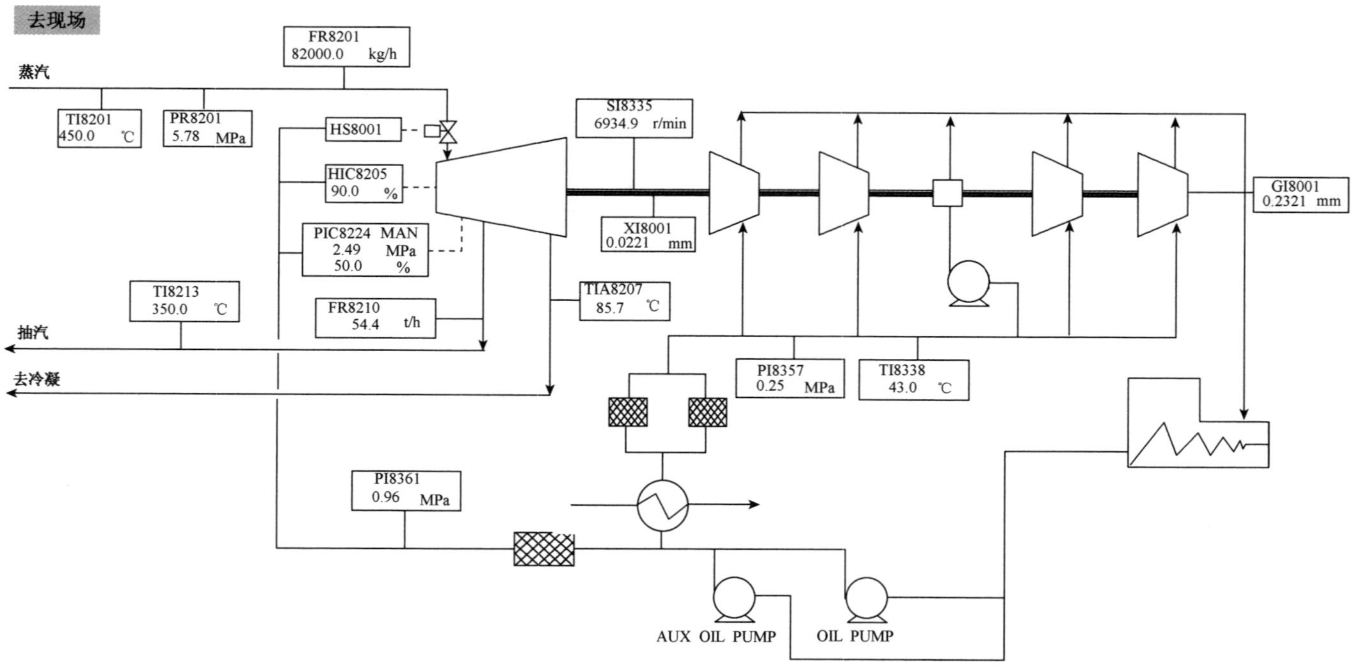

图 2-34　透平和油系统 DCS 图(U8002)

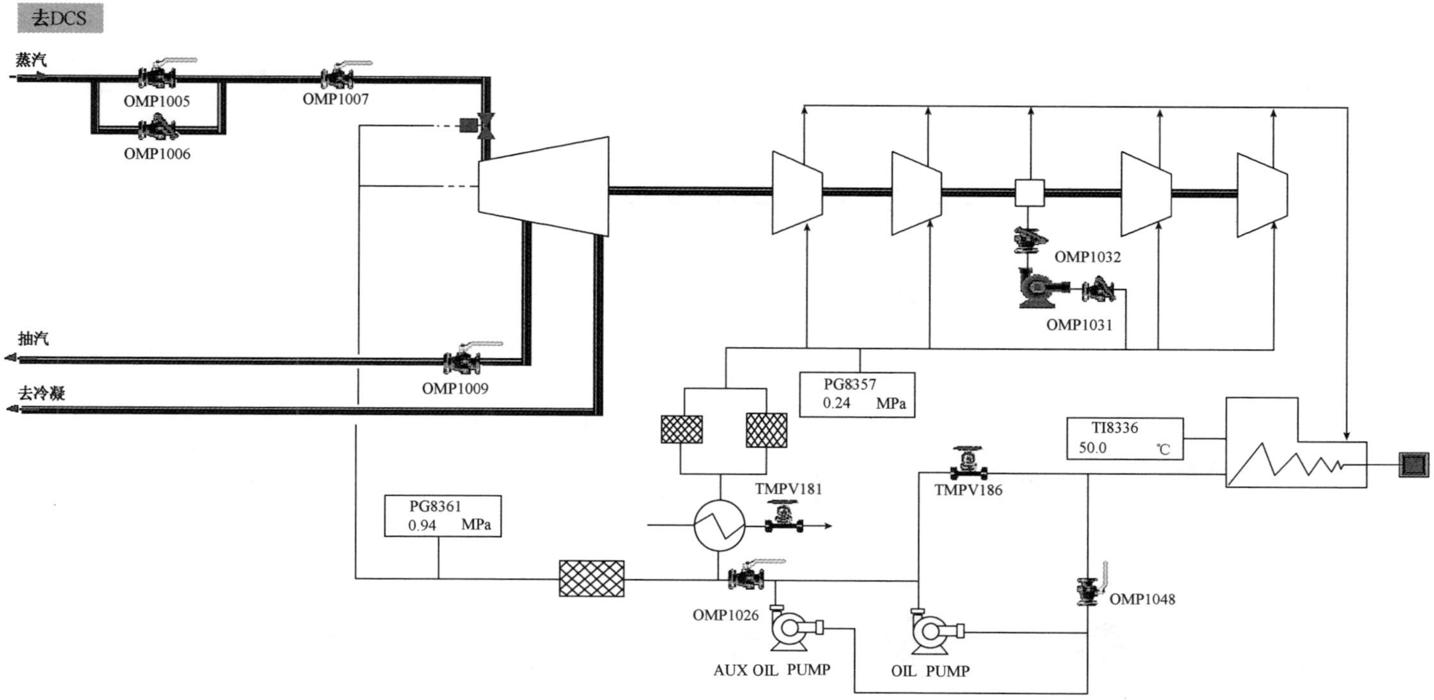

图 2－35　透平和油系统现场图（U8002F）

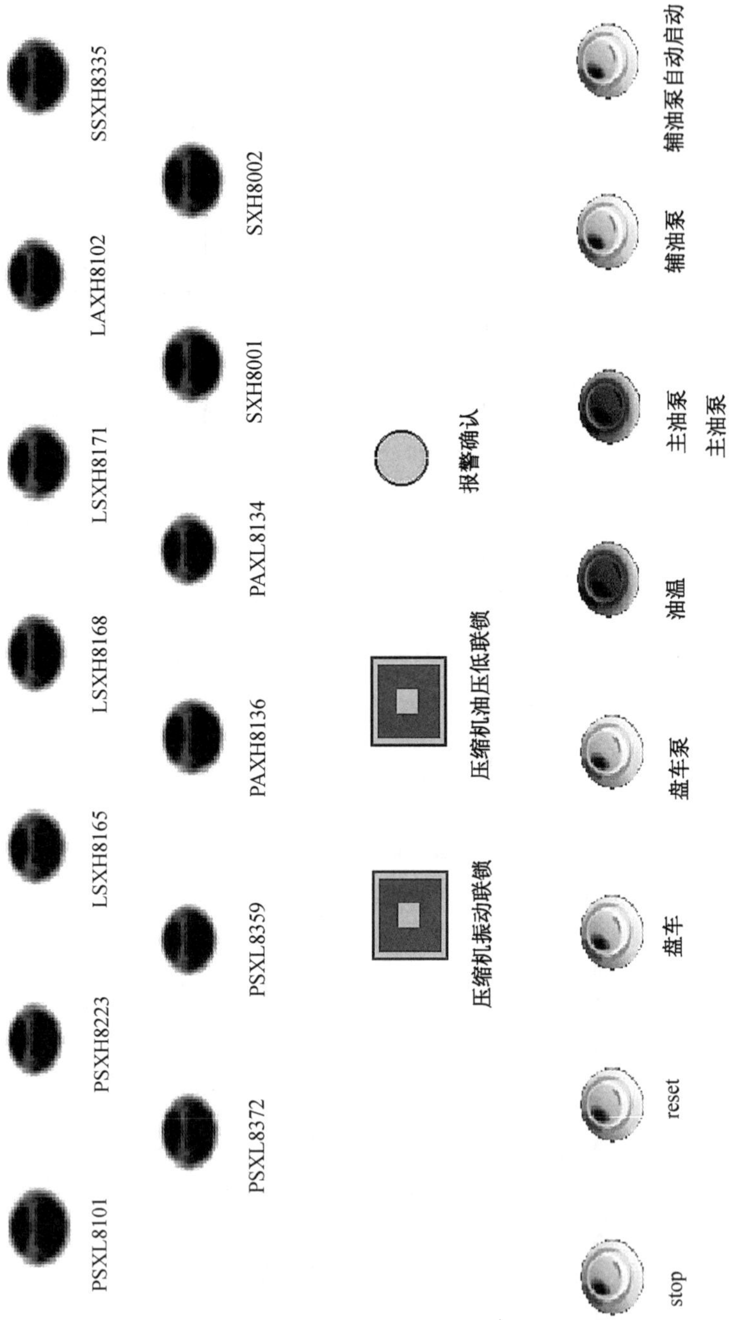

图 2－36　辅助控制盘(AUX)

第三章　单元操作实训

实训一　流体流动类型与雷诺准数的测定

一、实训目的

（1）观察流体在管内流动的两种不同流动类型；

（2）测定临界雷诺准数；

（3）观察流体在管内层流流动时的速度分布；

（4）熟悉雷诺准数与流动类型的关系；

（5）了解溢流装置的结构和作用，熟悉转子流量计的流量校正方法。

二、基本原理

流体有两种不同的流动类型，层流（又称滞流）和湍流（又称紊流）。层流流动时，流体质点作平行于管轴线方向的直线运动。湍流流动时，流体质点除沿管轴线方向作主体流动外，还在各个方向上作剧烈的随机运动。雷诺准数可以判断流动类型，若流体在圆管内流动，则雷诺准数 Re 可用下式表示：

$$Re = \frac{du\rho}{\mu}$$

一般认为 $Re<2000$ 时，流动为层流；$Re>4000$ 时，流动为湍流；Re 在两者之间时，有时为层流，有时为湍流，与环境有关。

对于一定温度的某液体（ρ 和 μ 一定），在特定的圆管内（d 一定）流动时，雷诺准数仅是流速的函数。当流速较小时（雷诺准数也较小），染色液在管内沿轴线方向成一条清晰的细直线，为层流流动。随流速增大，染色细线呈现波浪形，有较清晰的轮廓。当流速增至某一值以后，染色液体一进入玻璃管内即与水完全混合，为湍流流动。据此可以观察流体在管内流动的两种不同流动类型，测定临界雷诺准数。

三、实训装置及流程

实训装置由高位槽（槽内有溢流和稳流装置）、圆形玻璃管、转子流量计、染色液系统和调节阀等组成。实验介质为水，染色液为墨水。实验时水由高位槽流入垂直玻璃管内，经流量调节阀和转子流量计后，排入下水道，水量由流量调节阀控制。墨水由墨水瓶经墨水调节阀和墨水排出针头流入玻璃管，用墨水调节阀调节墨水量。实训时应避免一切震动影响，只有这样才能获得满意的实训结果。实训装置如图 3-1 所示。

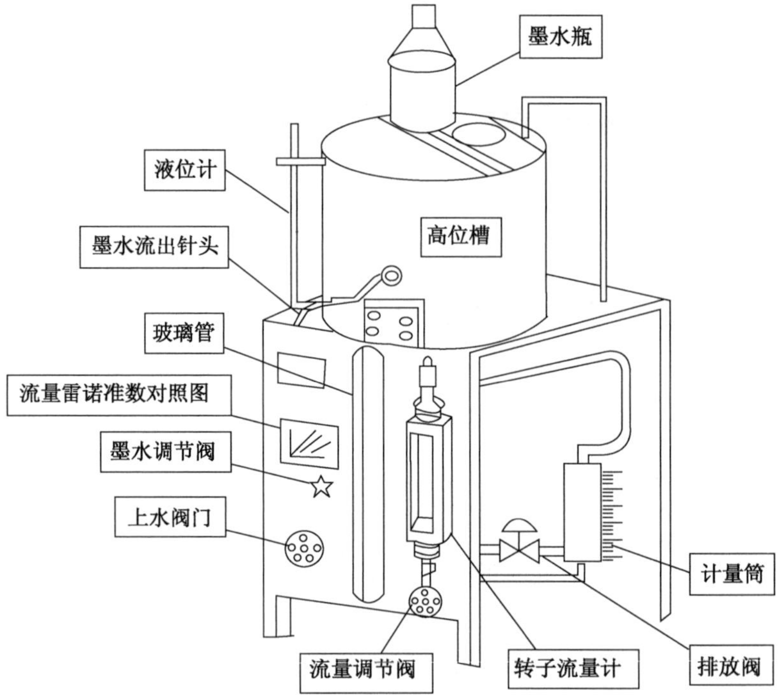

图 3-1　雷诺实验装置图

四、实训步骤

(1) 打开上水阀，为高位槽注水并保持有溢流；

(2) 检查转子流量计是否正常；

(3) 慢慢打开流量调节阀，使水缓缓流过玻璃管(开始时流量宜小)；

(4) 打开墨水调节阀，调节墨水流速与水的流速基本一致。如果墨水不成一条细直线，用流量调节阀调节流量，使墨水成一条细直线。观察流动状况，记录观察到的现象和转子流量计的读数；

(5) 缓慢增加水的流量，分别记录当细直线微动、细直线开始呈波浪形前进、细直线螺旋前进、细直线断裂产生旋涡并混合、墨水与主流混合均匀(墨水线的轮廓消失)时所观察到的现象和转子流量计的读数；

(6) 逐渐关小流量调节阀，重复以上步骤，分别记录观察到的现象和转子流量计的读数；

(7) 关闭流量调节阀，打开墨水调节阀，向玻璃管中静止的水里注入墨水，使玻璃管上部的水染上颜色。慢慢打开流量调节阀，控制流量，使水作层流流动，观察层流时流体在管道横截面上各点的速度变化(速度分布)；

(8) 测量并记录玻璃管的内直径和水的温度，根据水温查出水的密度和黏度。

五、数据记录与结果处理

将试验数据填入表 3-1 内。

玻璃管的内直径：________mm；　　　　水温：______________℃；

水的密度：__________kg/m^3；　　　水的黏度：________Pa·s。

表 3-1　雷诺试验数据表

序号	流量计读数	流量 $V/(m^3/s)$	流速 $u/(m/s)$	雷诺准数 Re	现象观察记录	由 Re 判断的流动类型
1						
2						
3						
4						
5						
6						
7						
8						
9						
10						
11						
12						

下临界雷诺准数=________；　　　上临界雷诺准数=________。

结果分析：

思考题

1. 不同的流动类型对流体流动与输送过程、传热过程和传质过程有何影响？研究流动类型对设计管路有何意义？

2. 能否只用流速的大小判断流动类型？为什么？影响流动类型的因素有哪些？

3. 雷诺准数为什么能判断流动类型？如何判断？

4. 流量由大到小操作过程中，稳定细直线刚刚恢复时的 Re 与流量由小到大操作过程中的细直线微动前的 Re 相同吗？如偏差较大，试分析其原因。

实训二　流体机械能的变化

一、实训目的

(1) 加深对流体的各种机械能相互转化概念的理解；

(2) 观察流体流经非等径、非水平管路时，各截面上静压头之变化；

(3) 测定管路某截面的最大流速；

(4) 了解流体静止的条件；

(5) 理解流体流动阻力的表现(理解沿程阻力)。

二、基本原理

(1) 液体在管路中作稳定流动时，由于流通截面积的变化致使各截面上的流速不同，由此引起相应的静压头的变化，其关系可由柏努利方程式描述，即：

$$\frac{P_1}{\rho g} + Z_1 + \frac{u_1^2}{2g} + He = \frac{P_2}{\rho g} + Z_2 + \frac{u_2^2}{2g} + H_f$$

对于水平非等径无泵玻璃管路，当管段较短时，阻力很小，可以忽略，则上式变为：

$$\frac{P_1}{\rho g} + \frac{u_1^2}{2g} = \frac{P_2}{\rho g} + \frac{u_2^2}{2g}$$

因此，由于流通截面积的变化引起流速的变化，致使部分静压头转换为动压头或部分动压头转换为静压头，它的变化可由测压管中液柱高度表示出来。对于等径不水平玻璃管路，当管段较短时，阻力很小，可以忽略，则上式变为：

$$\frac{P_1}{\rho g} + Z_1 = \frac{P_2}{\rho g} + Z_2$$

因此，由于位置高度的变化引起位压头的变化，致使部分位压头转换为静压头，它的变化也可由测压管中液柱高度表示出来。

(2) 当流体静止时，流速为零，则柏努利方程变为：

$$\frac{P_1}{\rho g} + Z_1 = \frac{P_2}{\rho g} + Z_2$$

即静止流体内部各截面的静压头与位压头之和为常数，是流体静止的条件。

(3) 当流量一定时，某截面的活动测压头的测压孔方向变化，会引起测压管内液柱高度的变化。当测压孔的开孔方向与流动方向垂直时，测压管内液柱高度即为测压孔处液体的静压头，测压孔开孔方向转为正对流体流动方向时，测压管内液位上升，此时，测压管内液柱高度表示测压孔处液体的静压头和动压头之和(即冲压头)，液位升高值就是测压孔处的动压头，即：

$$\Delta H = \frac{u^2}{2g};\qquad 则\qquad u = \sqrt{2g\Delta H}\qquad (注意\Delta H 的单位)$$

据此可以测定测压孔处流速或最大流速。

(4) 实际流体有黏性，流动时会产生内摩擦力，将机械能转变为热能，使水平等径直管内流体的静压头不断下降。

三、实训装置及流程

实训装置由高位槽(有稳流和溢流装置)、玻璃管路、测压管、活动测压头、水槽、流量调节阀和循环水泵等组成，实训介质为水。活动测压头的小管底端封闭，侧身开有小孔，小孔中心在管子轴线上。转动测压头可分别测定静压头或冲压头。玻璃管路安装四根测压管，水槽中的水由循环水泵打入高位槽，流入玻璃管，用流量调节阀调节流量。实训装置如图 3-2 所示。

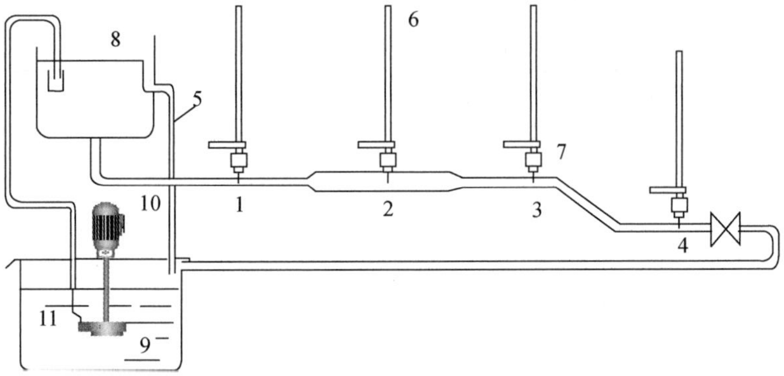

图 3-2　能量转换实验装置图

1、2、3、4—玻璃管测压点；5—溢流管；6—测压管；7—活动测压头；8—高位槽；9—水槽；10—马达；11—循环水泵

四、实训步骤

(1) 为高位槽注水：关闭流量调节阀 A，启动循环水泵，排除管路和测压管中的气泡，调节上水阀 B 的开度，使高位槽液面稳定且有溢流；

(2) 在流量调节阀 A 关闭时(管中流体静止)，观察并记录各测压管中的液柱高度 H，旋转活动测压头，观察各测压管中的液柱高度有无变化；

(3) 打开流量调节阀 A、保持较小流量，旋转活动测压头，使测压孔正对水流方向，观察并记录各测压管中的液柱高度 H_1；

(4) 保证测压孔正对流动方向，开大流量调节阀 A，观察各测压管中的液柱高度的变化，记录各测压管中的液柱高度 H_2；

(5) 保持流量调节阀 A 的开度(流量与步骤 4 相同)，旋转活动测压头，使测压孔与水流方向垂直，观察各测压管中的液柱高度的变化，记录各测压管中的液柱高度 H_3；

(6) 用量筒和秒表，测量步骤 4 和步骤 5 的流量(流量相同)，可测量两次取平均值。

五、数据记录与结果处理

(1) 压头测量(表 3-2)。

d_1 = ________mm；　d_2 = ________mm；　d_3 = ________mm；

d_4 = ________mm；　水温：________℃

表 3-2　压头测量数据表

序号	液柱高代号	压头测量值/mm				备　注
		测压点 1	测压点 2	测压点 3	测压点 4	阀 A 状态与测压孔方向
1	H					阀关、先垂直后旋转
2	H_1					阀开、正对水流
3	H_2					阀再开大、正对水流
4	H_3					阀不变、与水流垂直

（2）流量、流速的测量与计算(表 3-3)。

表 3-3　流量、流速的测量与计算结果表

序号	秒表读数/s	量筒体积/mm^3	平均体积流量/(m^3/s)	测量点	平均流速/(m/s)(1)	点速度/(m/s)	平均流速/(m/s)(2)
1				点 2			
1				点 2			
1				点 2			
1				点 2			
2				点 3			
2				点 3			
2				点 3			
2				点 3			

注：平均流速(1)按体积平均流量计算；点速度按测量出的动压头计算；平均流速(2)根据点速度计算。

（3）结果分析：

思考题

1. 阀 A 全关时，各测压管中液位是否在同一水平面上？为什么？液位高度与测压孔的方向有无关系？为什么点 4 的液柱高度比点 3 的大一些？

2. 阀 A 打开后，流体开始流动，什么地方供给能量？

3. 为什么 $H>H_1$？为什么距高位槽越远，$(H-H_1)$ 的差值越大？这一差值的物理意义是什么？

4. 为什么随流速增大，测压管中液位会下降？

5. 2 点与 1、3、5 点所测得的值是否一致？为什么？

实训三　流体流动阻力的测定

一、实训目的

(1) 熟悉流体流经直管和管件、阀件时的阻力损失的测定方法；

(2) 掌握摩擦系数(摩擦因数)和阻力系数的测定方法，了解摩擦系数与雷诺准数和相对粗糙度关系图(Moody 图)的绘制方法；

(3) 学会压差计和流量计的使用方法；

(4) 认识管路中各个管件、阀件并了解其作用。

二、基本原理

流体在管路中流动时，由于黏性剪应力和涡流的存在，不可避免地要消耗一些机械能。流体在直管中流动而损失的机械能称直管阻力，流体流经管件、阀件等局部障碍造成流动方向和流通面积的突变而损失的机械能称局部阻力。根据柏努利方程式：

$$H_f = Z_1 - Z_2 + \frac{p_1 - p_2}{\rho g} + \frac{u_1^2 - u_2^2}{2g}$$

当流体在等径水平直管作定常流动时，由截面 1 流到截面 2 时的阻力损失表现在压强的降低，即：

$$H_f = \frac{p_1 - p_2}{\rho g}$$

只要测出两截面的压强差($p_1 - p_2$)，就可确定直管阻力。

根据直管阻力计算公式：

$$H_f = \lambda \frac{L}{d} \cdot \frac{u^2}{2g}$$

于是：

$$\lambda = \frac{2gdH_f}{Lu^2}$$

从上式得知，只要测得流体在一定长度、一定管径、一定流速下流动时的直管阻力，即可确定摩擦系数。

摩擦系数仅是雷诺准数和相对粗糙度的函数，确定它们的关系只要用水作物系，在实验装置中进行有限量的实验即可得到。本实训测定光滑管的摩擦系数与雷诺准数的关系并画出关系曲线。

根据局部阻力的计算公式：

$$H_f' = \xi \frac{u^2}{2g}$$

只要测定出流速和流体流经管件或阀件产生的压强降，即可确定阻力系数。

三、实训装置及流程

实训装置由塑料管、螺纹管、细铜管、弯头、阀门、流量计、压差计、水槽和循环水泵组成，实训介质为水。装置流程见图 3-3 所示。

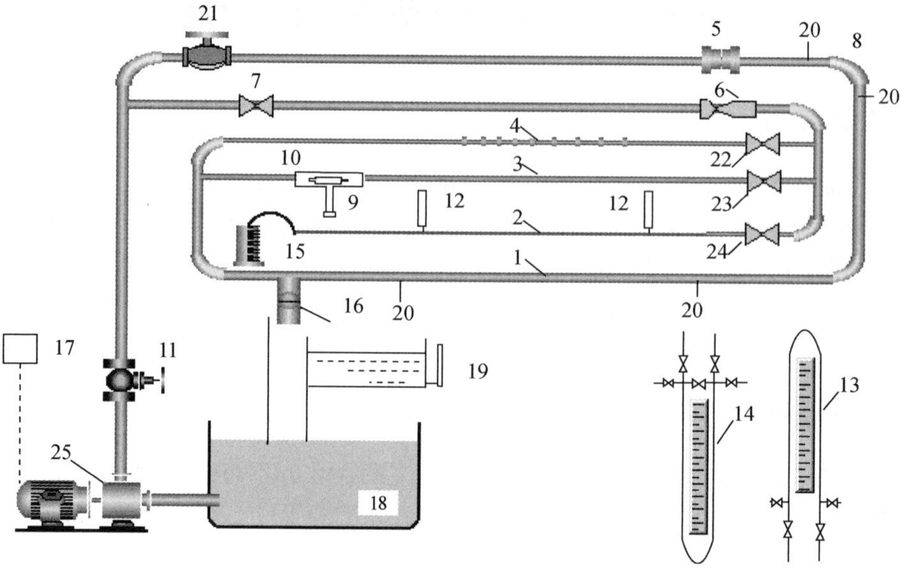

图 3-3　流体阻力实验装置图

1—*DN* 40 塑料管；2—*DN* 6 细铜管；3—*DN* 25 塑料管；4—ϕ18 螺纹管；
5—孔板流量计；6—文氏流量计；7—截止阀；8—弯头；9—皮托管；
10—突然扩大；11—调节阀；12—水位式测压计；13—倒 U 形管；
14—U 形管；15—量筒；16—活动摆头；17—电气盒；18—水槽；
19—计量槽水位计；20—测压点；21、22、23—闸阀；24—针行阀；25—水泵

本装置可以测定直管内滞流和湍流的直管阻力损失、摩擦系数及摩擦系数与雷诺准数的关系，螺纹管阻力损失、摩擦系数及摩擦系数与雷诺准数的关系，管件和阀件的局部阻力损失和阻力系数及阻力系数的平均值。还可以进行流量计的校正实验。

塑料直管两端的压强差用 U 形管压差计测量，指示液为水银。弯头两端的压强差用倒 U 形管压差计测量，细铜管两端压强差用水位计式测压计测量。

实训前，应根据测定目标确定相应流程，即打开某些阀门或关闭某些阀门，组成特定的测试回路，找好测试点安排专人记录。注意排除管路和压差计中的气体，排气时要严防 U 形管中水银被冲走。操作中应缓慢改变调节阀开度，保证管内流体流量缓慢变化。流量调节后须经一定时间的稳定方可测取各有关参数的数据。

四、实训步骤

1. 湍流区摩擦系数的测定

（1）打开闸阀 21，关闭截止阀 7，组成如图 3-4 所示的测试回路。

（2）排除管路和 U 形管压差计中的气泡。

（3）利用秒表、摆头和计量槽测流量，记录流量数据（也可以读取连接在孔板流量计处的压差计读数），同时读取和记录连接在塑料管两截面的 U 形管压差计的读数。

（4）调节流量，记录在不同流量下的流量数据和 U 形管压差计的读数。

2. 弯头阻力系数的测定

在测定摩擦系数的同时，可以测定弯头的阻力系数。在记录流量数据、U 形管压差计读

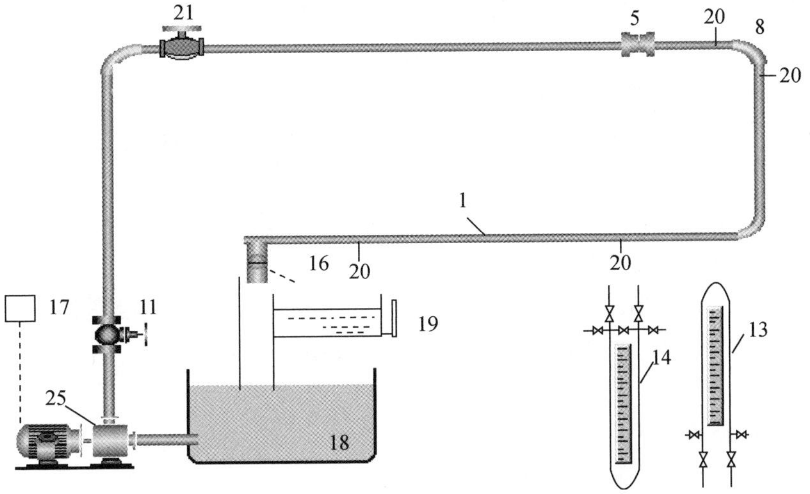

图 3-4　湍流摩擦系数的测定流程图

1—*DN* 40 塑料管；5—孔板流量计；8—弯头；11—调节阀；13—倒 U 形管；
14—U 形管；16—活动摆头；17—电气盒；18—水槽；19—计量槽水位计；
20—测压点；21—闸阀；25—水泵

数的同时记录连接在弯头两端的倒 U 形管压差计的读数。

3. 滞流区摩擦系数的测定

（1）关闭闸阀 21，打开截止阀 7，组成如图 3-5 所示的测试回路。

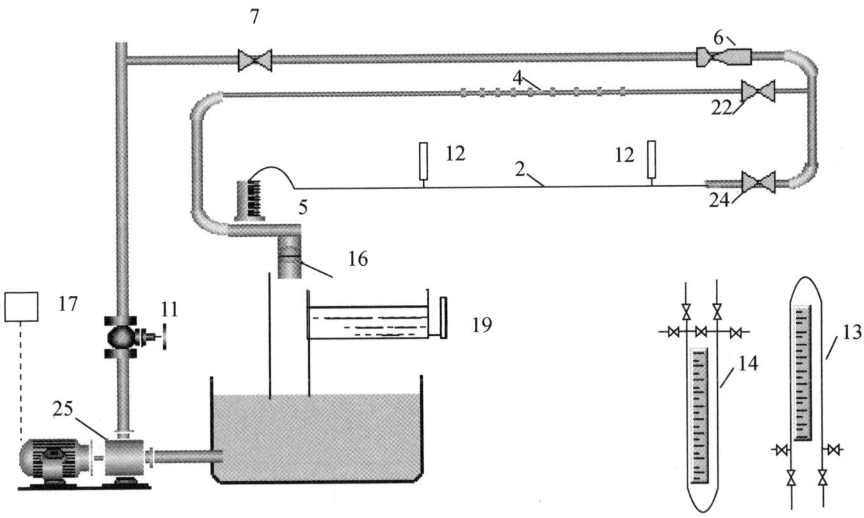

图 3-5　滞流区摩擦系数的测定流程图

2—*DN* 6 细铜管；4—ϕ18 螺纹管；5—量筒；6—文氏流量计；7—截止阀；11—调节阀；
12—水位式测压计；13—倒 U 形管；14—U 形管；16—活动摆头；17—电气盒；
19—计量槽水位计；22-闸阀；24—针行阀；25—水泵

为使阀门调节性能良好和稳定，须控制阀前压力，方法是使阀 22 半开(例如全程阀门手轮转 7 圈，半开为 3. 5 圈)，针形阀 24 全开，然后调节调节阀 11，使细铜管的流量达最大(即水位计水位达最高点)，此时阀前压力适当，整个实验过程中，调节阀 11 的开度不变，靠阀 22 和针形阀 24 调节细铜管中水的流量。

(2) 排除管路和水位计中的气泡。

(3) 关闭针形阀 24，两水位计液面在同一水平面上，调整标尺使两水位计标尺有相同的指示值。

(4) 打开针形阀 24，调节不同的流量，分别记录两水位计的读数，同时用秒表和量筒测量流量，记录流量和有关参数值。

(5) 实验时须保证细铜管内的水是层流流动，改变流量时应慢慢调节针形阀，使流量缓慢变化，减轻因流体对管路冲击而产生的振动，保证层流流动状态和实验结果的准确性。

4. 其他材质管路摩擦系数的测定

换粗管、细管、闸阀、螺纹管重复以上步骤。

五、数据记录与结果处理

数据记录与结果见表 3-4 表 3-10。

表 3-4　湍流区摩擦系数测定数据记录整理表

L=________m；　　d=__________ mm；　　1 格=____________L

序号	压差计读数/mmHg			流量记录				水温/℃	流量/(m^3/s)	雷诺准数(Re)	摩擦系数(λ)
	左	右	差值 R	时间/s	始格	终格	体积/L				
1											
2											
3											
4											
5											
6											
7											
8											
9											
10											
11											
12											

表 3-5 弯头阻力系数测定数据记录整理表

$d=$ ____________ mm

序 号	压差计读数/mmH_2O			水温/℃	流量/(m^3/s)	雷诺准数(Re)	摩擦系数(λ)
	左	右	差值 R				
1							
2							
3							
4							
5							
6							
7							
8							
9							
10							
11							
12							

表 3-6 滞流区摩擦系数测定数据记录整理表

序 号	水位计读数/mmH_2O			流量记录/(m^3/s)			水温/℃	雷诺准数(Re)	摩擦系数(λ)
	进口	出口	差值 R	体积/mL	时间/s	流量			
1									
2									
3									
4									
5									
6									
7									
8									
9									
10									
11									
12									

表 3-7　粗管湍流区摩擦系数测定数据记录整理表

序　号	压差计读数/mmHg			流量记录				水温/℃	流量/(m^3/s)	雷诺准数(Re)	摩擦系数(λ)
	左	右	差值	时间/s	始格	终格	体积/L				
1											
2											
3											
4											
5											
6											
7											
8											
9											
10											
11											
12											

表 3-8　细管湍流区摩擦系数测定数据记录整理表

序　号	压差计读数/mmHg			流量记录				水温/℃	流量/(m^3/s)	雷诺准数(Re)	摩擦系数(λ)
	左	右	差值	时间/s	始格	终格	体积/L				
1											
2											
3											
4											
5											
6											
7											
8											
9											
10											
11											
12											

表 3-9　闸阀湍流区阻力系数测定数据记录整理表

序　号	压差计读数/mmHg			流量记录				水温/℃	流量/(m^3/s)	雷诺准数(*Re*)	阻力系数 ζ
	左	右	差值	时间/s	始格	终格	体积/L				
1											
2											
3											
4											
5											
6											
7											
8											
9											
10											
11											
12											

表 3-10　螺纹管湍流区摩擦系数测定数据记录整理表

序　号	压差计读数/mmHg			流量记录				水温/℃	流量/(m^3/s)	雷诺准数(*Re*)	摩擦系数(λ)
	左	右	差值	时间/s	始格	终格	体积/L				
1											
2											
3											
4											
5											
6											
7											
8											
9											
10											
11											
12											

六、实验结果分析

分析实验结果并绘制摩擦系数与雷诺准数的关系图。

思考题

1. 如果细铜管不水平，两水位计标尺读数值之差是否表示流过这段铜管的阻力损失？为什么？

2. 弯头两测点并不在同一水平面上，这样测得的压强差是否能表示水流过弯头而产生的阻力损失？为什么？

3. 弯头两侧的测压点距弯头进出口都有一段直管段，这对实验结果是否有影响？为什么？

4. 以水为实验介质作出的Moody图，能否在输油管路阻力计算中得到应用？为什么？

5. U形管压差计上装设“平衡阀”有何作用？在什么情况下它是开着的？又在什么情况下是关闭的？

6. 流速越大，则阻力损失越大，流速小，则管径需要的大，生产如何实现最佳化控制？

实训四　离心泵操作

一、实训目的

(1) 认识离心泵工作流程及测量仪表；
(2) 掌握离心泵的开、停操作方法；
(3) 学习离心泵特性曲线的测定方法。

二、基本原理

在生产上选用一台既能满足生产要求，又经济合理的离心泵时，一般总是根据生产所需要的压头和流量，参照泵的性能来决定其泵的型号。

离心泵的特性曲线是选择和使用离心泵的重要依据之一，其特性曲线是在恒定转速下泵的扬程 H、轴功率 N 及效率 η 与泵的流量 Q 之间的关系曲线，它是流体在泵内流动规律的宏观表现形式。由于泵内部流动情况复杂，不能用理论方法推导出泵的特性关系曲线，只能依靠实验测定。

本实训旨在测定离心泵的特性曲线：$H-Q$ 曲线、$N-Q$ 曲线；$\eta-Q$ 曲线。

1. 流量的测定和计算：

流量的测定有好几种方法。

第一种方法，使用水箱和秒表，测量一段时间内水箱中水的体积，然后用水的体积除以时间即为离心泵的体积流量。

第二种方法，采用透明涡轮流量计来测定泵的送液能力，测定流量计显示仪表(频率计)示值，然后参照流量计说明书计算流量值，或者事先测定流量计频率值与流量之间的关系曲线。

第三种方法，孔板流量计或文丘里流量计，测量流量计的 U 形压差值，然后计算流量值。

第四种方法，直接从数字化流量计仪表盘上读取。具体使用哪种方法，视实训设备上安装哪种流量测量装置而定。

本实训采用透明涡轮流量计来测定泵的送液能力，透明涡轮流量计由变送器和显示仪表组成，而变送器又由涡轮、磁电传感器和前置放大器组成，其原理是变送器内的涡轮借助于流体动能而旋转，涡轮即周期性的改变磁电感应系统中的磁阻值，使通过线圈的磁通量发生变化而产生脉冲电讯号，经前置放大后，送二次仪表实现流量测量。此种流量计有测量范围大精度等级高等特点。

本流量计的计算公式：

$$Q = 3600 \times \frac{f}{\xi} \times 10^{-3} = 3.6\frac{f}{\xi}$$

式中　f——流量计显示仪表(频率计)示值，Hz；

Q——流量，m^3/h；

ξ——流量系数(73.01s/L)。

2. 离心泵扬程的测量和计算：

离心泵入口处装真空表(P_1)，出口处装压力表(P_2)。在两测压点处列柏努利方程式：

$$Z_1 + \frac{P_1}{\rho g} + \frac{u_1^{\ 2}}{2g} + H = Z_2 + \frac{P_2}{\rho g} + \frac{u_2^{\ 2}}{2g} + \sum H_{f1-2} \tag{1}$$

由于两测压点相距很近，且离心泵吸入管、排出管管径相同，故忽略高度差、阻力损失、动能差。由(1)式简化为：

$$H = \left(P'_2 + \frac{P'_1}{735.6}\right) \times 10(\text{m 液柱})$$

式中 P'_1——入口测压点真空表读数，mmHg；

P'_2——出口测压点压力表读数，kgf/cm^2，1kgf/cm^2=96.066kPa。

由上式可知，只要直接读出真空表和压力表上的数值及两表的安装高度差，就可计算出泵的扬程。

3. 离心泵轴功率的测量和计算

本实验采用马达天平测定功率，马达天平测功率的原理是根据泵轴转矩的变化来测定轴功率的。此种方法具有实用、可靠、准确的优点。

$$N = \frac{2\pi}{60}Mn = 0.1047Mn \tag{2}$$

$$M = PLg$$

由式(1)、式(2)两式得：

$$N = \frac{2\pi \times 9.807}{60 \times 1000}PLn = \frac{PLn}{973.7}(\text{kW}) \tag{3}$$

式中 M——转矩，N·m；

n——转速，r/min；

P——砝码质量，kg；

L——力臂长，m(本实验装置为0.4869m)。

有些实训设备使用的电动机上安装有电功率表，可直接读取电功率值，则轴功率N：

$$N = N_{电} \cdot K(\text{W})$$

其中，$N_{电}$为电功率表显示值，K为电机传动效率，可取K=0.95。

4. 离心泵效率的计算

离心泵的效率是其有效功率(N_e)和轴功率之比(N)，有效功率是液体实际上自泵得到的功率。

$$N_e = QH\rho g(\text{W}) = QH\rho g/1000(\text{kW})$$

则：

$$\eta = \frac{N_e}{N} = \frac{QH\rho}{102N} \tag{4}$$

5. 转速改变时的换算

泵的特性曲线是在转速下的实验测定所得。但是，实际上感应电动机在转矩改变时，其转速会有变化，这样随着流量Q的变化，多个实验点的转速n将有所差异，因此在绘制特性曲线之前，须将实测数据换算为某一定转速n'下(可取离心泵的额定转速2900r/min)的数据。换算关系如下：

$$\frac{n}{n_1} = \frac{Q}{Q_1} \qquad \frac{n^2}{n_1^{\ 2}} = \frac{H}{H_1} \qquad \frac{n^3}{n_1^{\ 3}} = \frac{N}{N_1} \qquad \eta' = \frac{QH\rho g}{N} \tag{5}$$

式中 n——实测得转速，r/min；

n_1——泵指定转速，r/min；

H——实测得扬程，m；

H_1——指定转速下的扬程，m；

N——实测得轴功率，kW；

N_1——指定转速下的轴功率，kW。

三、实训装置及流程

如图3-6所示，水从水槽15经泵1，出口阀3(调节流量用)、涡轮流量计13再返回水槽。

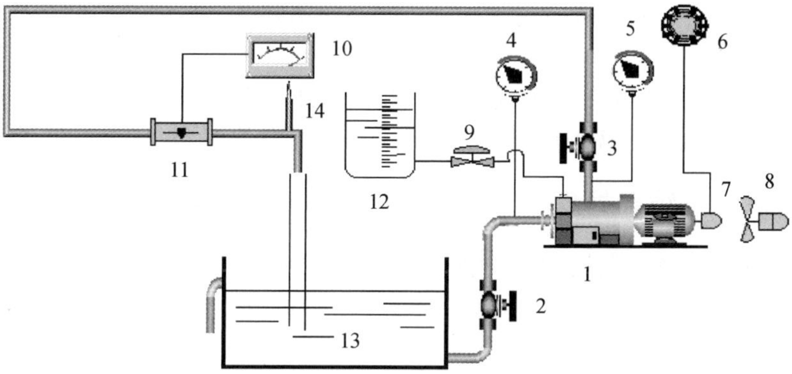

图3-6 离心泵实验装置图

1—离心泵；2—进口阀；3—出口阀；4—真空表；5—压力表；6—转速表；7—转速传感器；8—冷却风机；9—灌水阀；10—频率表；11—透明涡轮变速器；12—计量槽；13—水槽；14—温度计

四、实训步骤

1. 开车前准备工作

(1) 检查离心泵的各连接螺栓及地脚螺栓有无松动现象。

(2) 检查轴承润滑情况，加注润滑油的标号应与离心泵说明书上要求的标号相符。

(3) 用手转动联轴器检查转动是否灵活，填料是否松动。

(4) 检查所有仪表是否完好，真空泵、压力表指针应该指零。

2. 正常开车

(1) 灌泵排气：打开加水漏斗阀门和泵壳顶部的排气考克，向泵内灌水，到进水管和泵体内充满水为止。然后关闭加水阀和排气考克。

(2) 关闭泵出口阀门。

(3) 开启电机电源，使泵运转，若无异常现象，便可慢慢开启出口阀，根据要求调节水的流量。

(4) 注意观察流量、压力表、真空表，若无异常，离心泵进入正常运行状态。

3. 离心泵性能曲线测量

(1) 在出口阀门完全关闭时读取压力表、真空表、流量计显示仪表、转速计及马达天平的砝码数值。

（2）用出口阀门调节流量，在每一次流量调节稳定后，读取以上参数，直至出口阀全开为止，应读取510组数据。

（3）关小入口阀，观察气蚀现象。

4. 正常停车

（1）关闭出口阀，停电动机。

（2）关闭各测量仪表电源开关。

（3）若离心泵不经常使用，需排净泵内液体，关闭进口阀。

5. 注意事项

（1）一般每次实验前，均需对泵进行灌泵操作，防止离心泵气缚，同时注意定期对泵进行保养，防止叶轮被固体颗粒损坏。

（2）泵运转过程中，勿触碰泵主轴部分，因其高速转动，可能会缠绕并伤害身体接触部位。

（3）不要在出口阀关闭状态下(或者电动调节阀开度在0时)长时间使泵运转，一般不超过3min，否则泵中液体循环温度升高，易产生气泡，使泵抽空。

五、数据记录与结果处理

离心泵性能曲线的测定数据记录与结果处理见表3-11。

泵的类型规格__________　　转速__________　　叶轮直径__________

流量系数__________　　X档__________　　测功机臂长__________

水温__________

表3-11　离心泵性能实验数据表

序号	流量计读数 f/Hz	真空表 P'_1/(mmHg)	压力表 P'_2/(kgf/cm^2)	转速 n/(r/min)	天平砝码质量 P/kg	流量 Q	扬程 H	轴功率 N	效率 η
1									
2									
3									
4									
5									
6									
7									
8									
9									
10									
11									
12									

注：1kgf/cm^2=98.066kPa。

六、实验结果分析

（1）分别绘制一定转速下的$H-Q$、$N-Q$、$\eta-Q$曲线。

(2) 分析实验结果，判断泵最为适宜的工作范围。

思考题

1. 试从所测得的实验数据进行分析，离心泵为什么要在出口阀关闭的情况下启动？

2. 离心泵启动前为什么必须灌水排气？如果灌泵后依然启动不起来，你认为可能的原因是什么？

3. 泵启动后，出口阀如果不开，压力表读数是否会逐渐上升？为什么？

4. 正常工作的离心泵，在其进口管路上安装阀门是否合理？为什么？

5. 试从理论上加以分析，用这台泵输送密度为1280(kg/m^3)的盐水(忽略黏度的影响)，在相同流量下你认为泵的压头是否变化？同一温度下的吸入高度是否会变化？同一排量时的功率是否会变化？

6. 离心泵的送液能力为什么可以通过出口阀的调节加以改变？往复泵的送液能力是否也可采用同样的调节方法？为什么？

实训五　空气-蒸汽给热系数测定

一、实验目的

（1）了解间壁式传热元件，掌握给热系数测定的实验方法。

（2）掌握热电阻测温的方法，观察水蒸气在水平管外壁上的冷凝现象。

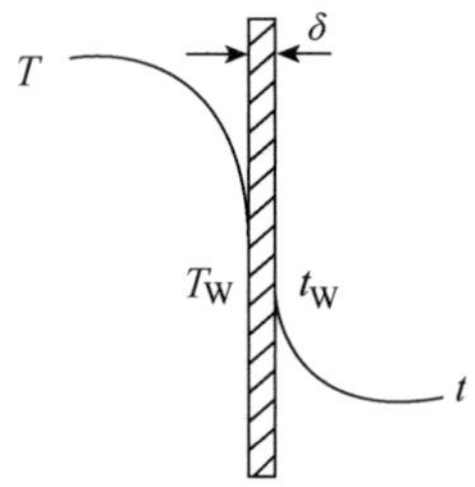

图 3-7　间壁式传热过程示意图

（3）学会给热系数测定的实验数据处理方法，了解影响给热系数的因素和强化传热的途径。

二、基本原理

在工业生产过程中，大量情况下，冷、热流体系通过固体壁面(传热元件)进行热量交换，称为间壁式换热。如图 3-7 所示，间壁式传热过程由热流体对固体壁面的对流传热，固体壁面的热传导和固体壁面对冷流体的对流传热所组成。

达到传热稳定时：

$$\begin{aligned} Q &= m_1 c_{p1}(T_1 - T_2) = m_2 c_{p2}(t_2 - t_1) \\ &= \alpha_1 A_1 (T - T_W)_m = \alpha_2 A_2 (t_W - t)_m \\ &= KA\Delta t_m \end{aligned} \tag{1}$$

式中　Q——传热量，J/s；

m_1——热流体的质量流率，kg/s；

c_{p1}——热流体的比热容，J/(kg · ℃)；

T_1——热流体的进口温度,℃；

T_2——热流体的出口温度,℃；

m_2——冷流体的质量流率，kg/s；

c_{p2}——冷流体的比热容，J / (kg · ℃)；

t_1——冷流体的进口温度,℃；

t_2——冷流体的出口温度,℃；

α_1——热流体与固体壁面的对流传热系数，W/(m^2 · ℃)；

A_1——热流体侧的对流传热面积，m^2；

$(T-T_W)_m$——热流体与固体壁面的对数平均温差,℃；

α_2——冷流体与固体壁面的对流传热系数，W/(m^2 · ℃)；

A_2——冷流体侧的对流传热面积，m^2；

$(t_W - t)_m$——固体壁面与冷流体的对数平均温差,℃；

K——以传热面积 A 为基准的总给热系数，W / (m^2 · ℃)；

Δt_m——冷热流体的对数平均温差,℃。

热流体与固体壁面的对数平均温差可由式(2)计算：

$$(T - T_W)_m = \frac{(T_1 - T_{W1}) - (T_2 - T_{W2})}{\ln \dfrac{T_1 - T_{W1}}{T_2 - T_{W2}}} \tag{2}$$

式中　T_{W1}——冷流体进口处热流体侧的壁面温度，℃；

T_{W2}——冷流体出口处热流体侧的壁面温度，℃。

固体壁面与冷流体的对数平均温差可由式(3)计算：

$$(t_W - t)_m = \frac{(t_{W1} - t_1) - (t_{W2} - t_2)}{\ln \dfrac{t_{W1} - t_1}{t_{W2} - t_2}} \tag{3}$$

式中　t_{W1}——冷流体进口处冷流体侧的壁面温度，℃；

t_{W2}——冷流体出口处冷流体侧的壁面温度，℃。

热、冷流体间的对数平均温差可由式(4)计算：

$$\Delta t_m = \frac{(T_1 - t_2) - (T_2 - t_1)}{\ln \dfrac{T_1 - t_2}{T_2 - t_1}} \tag{4}$$

当在套管式间壁换热器中，环隙通以水蒸气，内管管内通以冷空气或水进行对流传热系数测定实验时，则由式(4)得内管内壁面与冷空气或水的对流传热系数：

$$\alpha_2 = \frac{m_2 c_{p2}(t_2 - t_1)}{A_2\ (t_W - t)_m} \tag{5}$$

实验中测定紫铜管的壁温 t_{w1}、t_{w2}；冷空气或水的进出口温度 t_1、t_2；实验用紫铜管的长度 l、内径 d_2，$A_2 = \pi d_2 l$；冷流体的质量流量 m_2；即可计算 α_2。

然而，直接测量固体壁面的温度，尤其管内壁的温度，实验技术难度大，而且所测得的数据准确性差，带来较大的实验误差。因此，通过测量相对较易测定的冷热流体温度来间接推算流体与固体壁面间的对流给热系数就成为人们广泛采用的一种实验研究手段。

由式(5)得：

$$K = \frac{m_2 c_{p2}(t_2 - t_1)}{A\Delta t_m} \tag{6}$$

实验测定 m_2、t_1、t_2、T_1、T_2 并查取 $t_{平均} = \frac{1}{2}(t_1 + t_2)$ 下冷流体对应的 c_{p2}、换热面积 A，即可由式(6)计算总给热系数 K。

下面通过两种方法来求对流给热系数。

1. 近似法求算对流给热系数 α_2

以管内壁面积为基准的总给热系数与对流给热系数间的关系为：

$$\frac{1}{K} = \frac{1}{\alpha_2} + R_{S2} + \frac{bd_2}{\lambda d_m} + R_{S1}\frac{d_2}{d_1} + \frac{d_2}{\alpha_1 d_1} \tag{7}$$

式中　d_1——换热管外径，m；

d_2——换热管内径，m；

d_m——换热管的对数平均直径，m；

b——换热管的壁厚，m；

λ——换热管材料的导热系数，W/(m·℃)；

R_{S1}——换热管外侧的污垢热阻，m^2·K/W；

R_{S2}——换热管内侧的污垢热阻，m^2·K/W。

用本装置进行实验时，管内冷流体与管壁间的对流给热系数约为几十到几百 W/m^2·K；

而管外为蒸汽冷凝，冷凝给热系数 α_1 可达10^4W/m^2·K 左右，因此冷凝传热热阻 $\frac{d_2}{\alpha_1 d_1}$ 可忽略，同时蒸汽冷凝较为清洁，因此换热管外侧的污垢热阻 $R_{S1}\frac{d_2}{d_1}$ 也可忽略。实验中的传热元件材料采用紫铜，导热系数为 383.8W/m·K，壁厚为 2.5mm，因此换热管壁的导热热阻 $\frac{bd_2}{\lambda d_m}$ 可忽略。若换热管内侧的污垢热阻 R_{S2} 也忽略不计，则由式(7)得：

$$\alpha_2 \approx K \tag{8}$$

由此可见，被忽略的传热热阻与冷流体侧对流传热热阻相比越小，此法所得的准确性就越高。

2. 传热准数式计算对流给热系数 α_2

对于流体在圆形直管内作强制湍流对流传热时，若符合如下范围内：$Re=1.0\times10^4\sim1.2\times10^5$，$Pr=0.7\sim120$，管长与管内径之比 $1/d\geqslant60$，则传热准数经验式为：

$$Nu = 0.023\,Re^{0.8}\,Pr^n \tag{9}$$

式中 Nu——努塞尔数，$Nu=\frac{\alpha d}{\lambda}$，无因次；

Re——雷诺数，$Re=\frac{du\rho}{\mu}$，无因次；

Pr——普兰特数，$Pr=\frac{c_p\mu}{\lambda}$，无因次；

当流体被加热时 $n=0.4$，流体被冷却时 $n=0.3$；

α——流体与固体壁面的对流传热系数，W/(m^2·℃)；

d——换热管内径，m；

λ——流体的导热系数，W/(m·℃)；

u——流体在管内流动的平均速度，m/s；

ρ——流体的密度，kg/m^3；

μ——流体的黏度，Pa·s；

c_p——流体的比热容，J/(kg·℃)。

对于水或空气在管内强制对流被加热时，可将式(9)改写为：

$$\frac{1}{\alpha_2}=\frac{1}{0.023}\times\left(\frac{\pi}{4}\right)^{0.8}\times d_2^{1.8}\times\frac{1}{\lambda_2\,Pr_2^{0.4}}\times\left(\frac{\mu_2}{m_2}\right)^{0.8} \tag{10}$$

令，

$$m=\frac{1}{0.023}\times\left(\frac{\pi}{4}\right)^{0.8}\times d_2^{1.8}$$

$$X=\frac{1}{\lambda_2\,Pr_2^{0.4}}\times\left(\frac{\mu_2}{m_2}\right)^{0.8}$$

$$Y=\frac{1}{K} \tag{11}$$

$$C=R_{S2}+\frac{bd_2}{\lambda d_m}+R_{S1}\frac{d_2}{d_1}+\frac{d_2}{\alpha_1 d_1} \tag{12}$$

则上式可写为：

$$Y=mX+C \tag{13}$$

当测定管内不同流量下的对流给热系数时，由式(13)计算所得的 C 值为一常数。管内径 d_2 一定时，m 也为常数。因此，实验时测定不同流量所对应的 t_1、t_2、T_1、T_2，由式(3)、(4)、(11)、(12)求取一系列 X、Y 值，再在 $X\sim Y$ 图上作图或将所得的 X、Y 值回归成一直线，该直线的斜率即为 m。任一冷流体流量下的给热系数 α_2 可用下式求得：

$$\alpha_2 = \frac{\lambda_2 Pr_2^{0.4}}{m} \times \left(\frac{m_2}{\mu_2}\right)^{0.8} \tag{14}$$

3. 冷流体质量流量的测定

(1) 若用转子流量计测定冷空气的流量，还须用式(10)换算得到实际的流量，

$$V' = V\sqrt{\frac{\rho(\rho_f - \rho')}{\rho'(\rho_f - \rho)}} \tag{15}$$

式中 V'——实际被测流体的体积流量，m^3/s；

ρ'——实际被测流体的密度，kg/m^3；均可取 $t_{平均} = \frac{1}{2}(t_1 + t_2)$ 下对应水或空气的密度，见冷流体物性与温度的关系式；

V——标定用流体的体积流量，m^3/s；

ρ——标定用流体的密度，kg/m^3；$\rho_水 = 1000 kg/m^3$；$\rho_{空气} = 1.205 kg/m^3$；

ρ_f——转子材料密度，kg/m^3。

于是

$$m_2 = V'\rho' \tag{16}$$

(2) 若用孔板流量计测冷流体的流量，则：

$$m_2 = \rho V \tag{17}$$

式中，V 为冷流体进口处流量计读数；ρ 为冷流体进口温度下对应的密度。

4. 冷流体物性与温度的关系式

在 0~100℃之间，冷流体的物性与温度的关系有如下拟合公式。

(1) 空气的密度与温度的关系式：$\rho = 10^{-5}t^2 - 4.5 \times 10^{-3}t + 1.2916$

(2) 空气的比热容与温度的关系式：60℃以下 $c_p = 1005 J/(kg \cdot ℃)$，70℃以上 $c_p = 1009 J/(kg \cdot ℃)$。

(3) 空气的导热系数与温度的关系式：$\lambda = -2 \times 10^{-8}t^2 + 8 \times 10^{-5}t + 0.0244$

(4) 空气的黏度与温度的关系式：$\mu = (-2 \times 10^{-6}t^2 + 5 \times 10^{-3}t + 1.7169) \times 10^{-5}$

三、实验装置与流程

1. 实验装置

实验装置如图 3-8 所示。

来自蒸汽发生器的水蒸气进入不锈钢套管换热器环隙，与来自风机的空气在套管换热器内进行热交换，冷凝水排出装置外。冷空气经孔板流量计或转子流量计进入套管换热器内管(紫铜管)，热交换后排出装置外。

2. 设备与仪表规格

(1) 紫铜管规格：直径 $\phi 21 \times 2.5 mm$，长度 $L = 1000 mm$；

(2) 外套不锈钢管规格：直径 $\phi 100 \times 5 mm$，长度 $L = 1000 mm$；

(3) 铂热电阻及无纸记录仪温度显示；

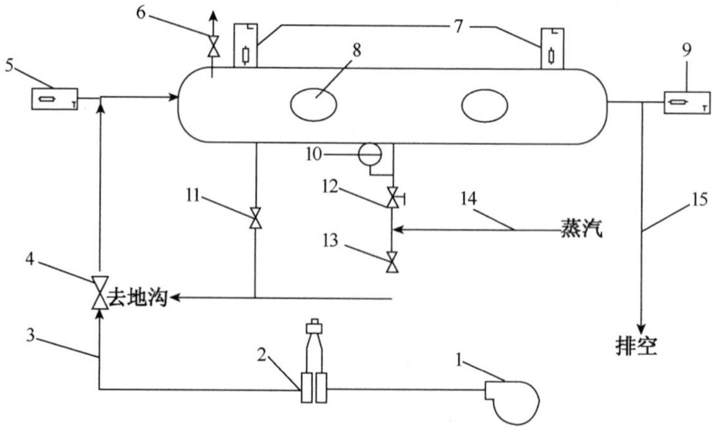

图 3-8　空气-水蒸气换热流程图

1—风机；2—孔板流量计；3—冷流体管路；4—转子流量计；5—冷流体进口温度；6—惰性气体排空阀；7—蒸汽温度；8—视镜；9—冷流体出口温度；10—压力表；11—冷凝水排空阀；12—蒸汽进口阀；13—冷凝水排空阀；14—蒸汽进口管路；15—冷流体出口管路

（4）全自动蒸汽发生器及蒸汽压力表。

四、实验步骤与注意事项

1. 实验步骤

（1）打开控制面板上的总电源开关，打开仪表电源开关，使仪表通电预热，观察仪表显示是否正常。

（2）在蒸汽发生器中灌装清水，开启发生器电源，使水处于加热状态。到达符合条件的蒸汽压力后，系统会自动处于保温状态。

（3）打开控制面板上的风机电源开关，让风机工作，同时打开冷流体进口阀，让套管换热器里充有一定量的空气。

（4）打开冷凝水出口阀，排出上次实验残留的冷凝水，在整个实验过程中也保持一定开度。注意开度适中，开度太大会使换热器中的蒸汽跑掉，开度太小会使换热不锈钢管里的蒸汽压力过大而导致不锈钢管炸裂。

（5）在通水蒸气前，也应将蒸汽发生器到实验装置之间管道中的冷凝水排除，否则夹带冷凝水的蒸汽会损坏压力表及压力变送器。具体排除冷凝水的方法是：关闭蒸汽进口阀门，打开装置下面的排冷凝水阀门，让蒸汽压力把管道中的冷凝水带走，当听到蒸汽响时关闭冷凝水排除阀，方可进行下一步实验。

（6）开始通入蒸汽时，要仔细调节蒸汽阀的开度，让蒸汽徐徐流入换热器中，逐渐充满系统中，使系统由“冷态”转变为“热态”，不得少于 10min，防止不锈钢管换热器因突然受热、受压而爆裂。

（7）上述准备工作结束，系统处于“热态”，调节蒸汽进口阀，使蒸汽进口压力维持在 0.01MPa，可通过调节蒸汽进口阀和冷凝水排空阀开度来实现。

（8）自动调节冷空气进口流量时，可通过组态软件或者仪表调节风机转速频率来改变冷流体的流量到一定值，在每个流量条件下，均须待热交换过程稳定后方可记录实验数值，改变流量，记录不同流量下的实验数值。

（9）记录6~8组实验数据，可结束实验。先关闭蒸汽发生器，关闭蒸汽进口阀，关闭仪表电源，待系统逐渐冷却后关闭风机电源，待冷凝水流尽，关闭冷凝水出口阀，关闭总电源。待蒸汽发生器内的水冷却后将水排尽。

2. 注意事项

（1）先打开冷凝水排空阀，注意只开一定的开度，开得太大会使换热器里的蒸汽跑掉，开得太小会使换热不锈钢管里的蒸汽压力增大而使不锈钢管炸裂。

（2）一定要在套管换热器内管输以一定量的空气后，方可开启蒸汽阀门，且必须在排除蒸汽管线上原先积存的冷凝水后，方可把蒸汽通入套管换热器中。

（3）刚开始通入蒸汽时，要仔细调节蒸汽进口阀的开度，让蒸汽徐徐流入换热器中，逐渐加热，由“冷态”转变为“热态”，不得少于10min，以防止不锈钢管因突然受热、受压而爆裂。

（4）操作过程中，蒸汽压力必须控制在0.02MPa(G)以下，以免造成对装置的损坏。

（5）确定各参数时，必须是在稳定传热状态下，随时注意蒸汽量的调节和压力表读数的调整。

五、实验数据处理

（1）计算冷流体给热系数的实验值(表3-12)。

表3-12　传热实验数据分析表

序号	冷流体进口温度 t_1	冷流体出口温度 t_2	冷流体进口侧蒸汽温度 T_1	冷流体出口侧蒸汽温度 T_2	冷流体流量 Q	平均温度差 Δt_m	传热系数 K
1							
2							
3							
4							
5							
6							
7							
8							
9							
10							
11							
12							

（2）冷流体给热系数的准数式：$Nu/Pr^{0.4} = A\,Re^{m}$，由实验数据作图拟合曲线方程，确定式中常数A及m。

（3）以$\ln(Nu/Pr^{0.4})$为纵坐标，$\ln Re$为横坐标，将处理实验数据的结果标绘在图上，并与教材中的经验式$Nu/Pr^{0.4} = 0.023\,Re^{0.8}$比较。

思考题

1. 实验中冷流体和蒸汽的流向，对传热效果有何影响？

2. 在计算空气质量流量时所用到的密度值与求雷诺数时的密度值是否一致？它们分别表示什么位置的密度？应在什么条件下进行计算？

3. 实验过程中冷凝水不及时排走，会产生什么影响？如何及时排走冷凝水？如果采用不同压强的蒸汽进行实验，对 α 关联式有何影响？

实训六　筛板塔精馏过程

一. 实验目的

(1) 了解筛板精馏塔及其附属设备的基本结构，掌握精馏过程的基本操作方法。

(2) 学会判断系统达到稳定的方法，掌握测定塔顶、塔釜溶液浓度的实验方法。

(3) 学习测定精馏塔全塔效率和单板效率的实验方法，研究回流比对精馏塔分离效率的影响。

二、基本原理

1. 全塔效率 E_T

全塔效率又称总板效率，是指达到指定分离效果所需理论板数与实际板数的比值，即

$$E_T = \frac{N_T - 1}{N_P} \tag{1}$$

式中　N_T ——完成一定分离任务所需的理论塔板数，包括蒸馏釜；

N_P ——完成一定分离任务所需的实际塔板数，本装置 $N_P = 10$。

全塔效率简单地反映了整个塔内塔板的平均效率，说明了塔板结构、物性系数、操作状况对塔分离能力的影响。对于塔内所需理论塔板数 N_T，可由已知的双组分物系平衡关系，以及实验中测得的塔顶、塔釜出液的组成，回流比 R 和热状况 q 等，用图解法求得。

2. 单板效率 E_M

单板效率又称莫弗里板效率，如图 3-9 所示，是指气相或液相经过一层实际塔板前后的组成变化值与经过一层理论塔板前后的组成变化值之比。

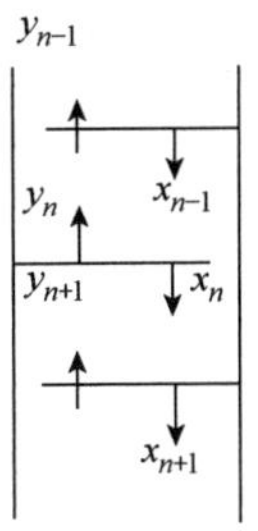

图 3-9　塔板气液流向示意图

按气相组成变化表示的单板效率为：

$$E_{MV} = \frac{y_n - y_{n+1}}{y_n^* - y_{n+1}} \tag{2}$$

按液相组成变化表示的单板效率为：

$$E_{ML} = \frac{x_{n-1} - x_n}{x_{n-1} - x_n^*} \tag{3}$$

式中　y_n、y_{n+1} ——离开第 n、$n+1$ 块塔板的气相组成，摩尔分数；

x_{n-1}、x_n ——离开第 $n-1$、n 块塔板的液相组成，摩尔分数；

y_n^* ——与 x_n 成平衡的气相组成，摩尔分数；

x_n^* ——与 y_n 成平衡的液相组成，摩尔分数。

3. 图解法求理论塔板数 N_T

图解法又称麦卡勃-蒂列(McCabe-Thiele)法，简称 $M-T$ 法，其原理与逐板计算法完全相同，只是将逐板计算过程在 $y-x$ 图上直观地表示出来。

精馏段的操作线方程为：

$$y_{n+1} = \frac{R}{R+1}x_n + \frac{x_D}{R+1} \tag{4}$$

式中　y_{n+1} ——精馏段第 $n+1$ 块塔板上升的蒸汽组成，摩尔分数；

x_n ——精馏段第 n 块塔板下流的液体组成，摩尔分数；

x_D ——塔顶溜出液的液体组成，摩尔分数；

R ——泡点回流下的回流比。

提馏段的操作线方程为：

$$y_{m+1} = \frac{L'}{L' - W}x_m - \frac{Wx_W}{L' - W} \tag{5}$$

式中 y_{m+1} ——提馏段第 m+1 块塔板上升的蒸汽组成，摩尔分数；

x_m ——提馏段第 m 块塔板下流的液体组成，摩尔分数；

x_W ——塔底釜液的液体组成，摩尔分数；

L' ——提馏段内下流的液体量，kmol/s；

W ——釜液流量，kmol/s。

加料线(q 线)方程可表示为：

$$y = \frac{q}{q - 1}x - \frac{x_F}{q - 1} \tag{6}$$

其中，$q = 1 + \frac{c_{pF}(t_S - t_F)}{r_F}$ (7)

式中 q ——进料热状况参数；

r_F ——进料液组成下的汽化潜热，kJ/kmol；

t_S ——进料液的泡点温度，℃；

t_F ——进料液温度，℃；

c_{pF} ——进料液在平均温度 $(t_S - t_F)/2$ 下的比热容，kJ/(kmol · ℃)；

x_F ——进料液组成，摩尔分数。

回流比 R 的确定：

$$R = \frac{L}{D} \tag{8}$$

式中 L ——回流液量，kmol/s；

D ——馏出液量，kmol/s。

式(7)只适用于泡点下回流时的情况，而实际操作时为了保证上升气流能完全冷凝，冷却水量一般都比较大，回流液温度往往低于泡点温度，即冷液回流。

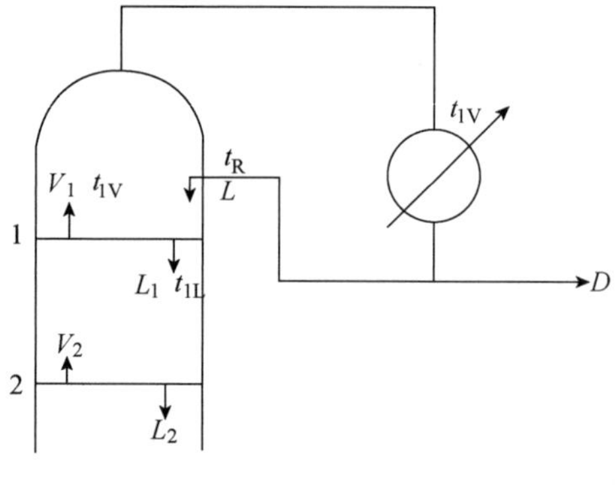

图 3-10 塔顶回流示意图

如图 3-10 所示，从全凝器出来的温度为 t_R 、流量为 L 的液体回流进入塔顶第一块板，由于回流温度低于第一块塔板上的液相温度，离开第一块塔板的一部分上升蒸汽将被冷凝成液体，这样塔内的实际流量将大于塔外回流量。

对第一块板作物料、热量衡算：

$$V_1 + L_1 = V_2 + L \tag{9}$$

$$V_1 I_{V1} + L_1 I_{L1} = V_2 I_{V2} + L I_L \tag{10}$$

对式(9)、式(10)整理、化简后，近似可得：

$$L_1 \approx L[1 + \frac{c_p(t_{1L} - t_R)}{r}]$$

即实际回流比：

$$R_1 = \frac{L_1}{D}$$

$$R_1 = \frac{L[1 + \frac{c_p(t_{1L} - t_R)}{r}]}{D}$$

式中 V_1、V_2——离开第 1、2 块板的气相摩尔流量，kmol/s；

L_1——塔内实际液流量，kmol/s；

I_{V1}、I_{V2}、I_{L1}、I_L——指对应 V_1、V_2、L_1、L 下的焓值，kJ/kmol；

r——回流液组成下的汽化潜热，kJ/kmol；

c_p——回流液在 t_{1L} 与 t_R 平均温度下的平均比热容，kJ/(kmol · ℃)。

（1）全回流操作：在精馏全回流操作时，操作线在 $y-x$ 图上为对角线，如图 3-11 所示，根据塔顶、塔釜的组成在操作线和平衡线间作梯级，即可得到理论塔板数。

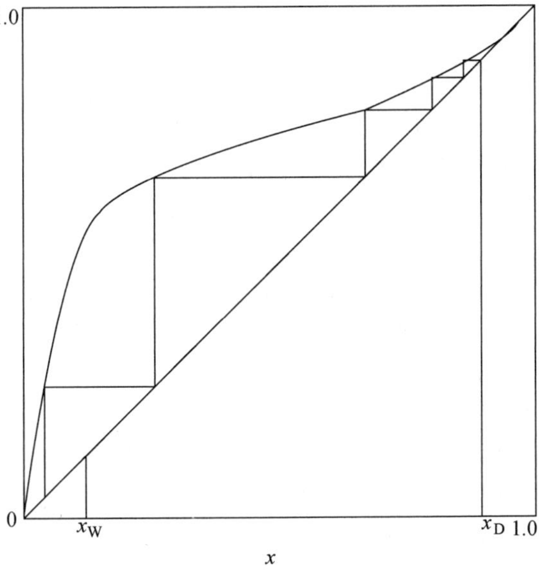

图 3-11　全回流时理论板数的确定

（2）部分回流操作：部分回流操作时，如图 3-12 所示，图解法的主要步骤为：

① 根据物系和操作压力在 $y-x$ 图上作出相平衡曲线，并画出对角线作为辅助线；

② 在 x 轴上定出 $x=x_D$、$x=x_F$、$x=x_W$ 三点，依次通过这三点作垂线分别交对角线于点 a、f、b；

③ 在 y 轴上定出 $y_C=x_D/(R+1)$ 的点 c，连接 a、c 作出精馏段操作线；

④ 由进料热状况求出 q 线的斜率 $q/(q-1)$，过点 f 作出 q 线交精馏段操作线于点 d；

⑤ 连接点 d、b 作出提馏段操作线；

⑥ 从点 a 开始在平衡线和精馏段操作线之间画阶梯，当梯级跨过点 d 时，就改在平衡线和提馏段操作线之间画阶梯，直至梯级跨过点 b 为止；

⑦ 所画的总阶梯数就是全塔所需的理论塔板数(包含再沸器)，跨过点 d 的那块板就是

加料板，其上的阶梯数为精馏段的理论塔板数。

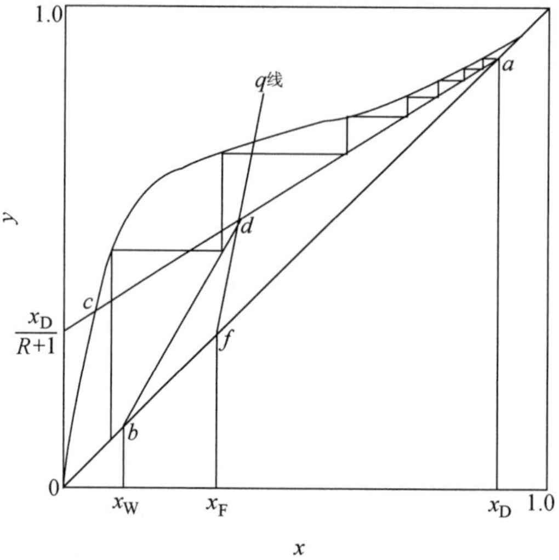

图 3-12　部分回流时理论板数的确定

三、实验装置和流程

本实验装置的主体设备是筛板精馏塔，配套的有加料系统、回流系统、产品出料管路、残液出料管路、进料泵和一些测量、控制仪表。

筛板塔主要结构参数：塔内径 D=68mm、厚度δ=4mm、塔板数 N=10 块、板间距H_T=100mm。加料位置由下向上起数第 4 块和第 6 块。降液管采用弓形，齿形堰，堰长 56mm，堰高 7. 3mm，齿深 4. 6mm，齿数 9 个，降液管底隙 4. 5mm。筛孔直径 d_0=1. 5mm，正三角形排列，孔间距 t=5mm，开孔数为 77 个。塔釜为内电加热式，加热功率 2. 5kW，有效容积为 10L。塔顶冷凝器、塔釜换热器均为盘管式。单板取样为自下而上第 1 块和第 10 块，斜向上为液相取样口，水平管为气相取样口。

本实验料液为乙醇水溶液，釜内液体由电加热器产生蒸汽逐板上升，经与各板上的液体传质后，进入盘管式换热器壳程，冷凝成液体后再从集液器流出，一部分作为回流液从塔顶流入塔内，另一部分作为产品馏出，进入产品储罐；残液经釜液转子流量计流入釜液储罐。精馏过程如图 3-13 所示。

四、实验步骤与注意事项

本实验的主要操作步骤如下：

1. 全回流

（1）配制浓度 10%20%(体积分数)的料液加入储罐中，打开进料管路上的阀门，由进料泵将料液打入塔釜，观察塔釜液位计高度，进料至釜容积的 2/3 处。

（2）关闭塔身进料管路上的阀门，启动电加热管电源，逐步增加加热电压，使塔釜温度缓慢上升(因塔中部玻璃部分较为脆弱，若加热过快玻璃极易碎裂，使整个精馏塔报废，故升温过程应尽可能缓慢)。

（3）打开塔顶冷凝器的冷却水，调节合适冷凝量，并关闭塔顶出料管路，使整塔处于全回流状态。

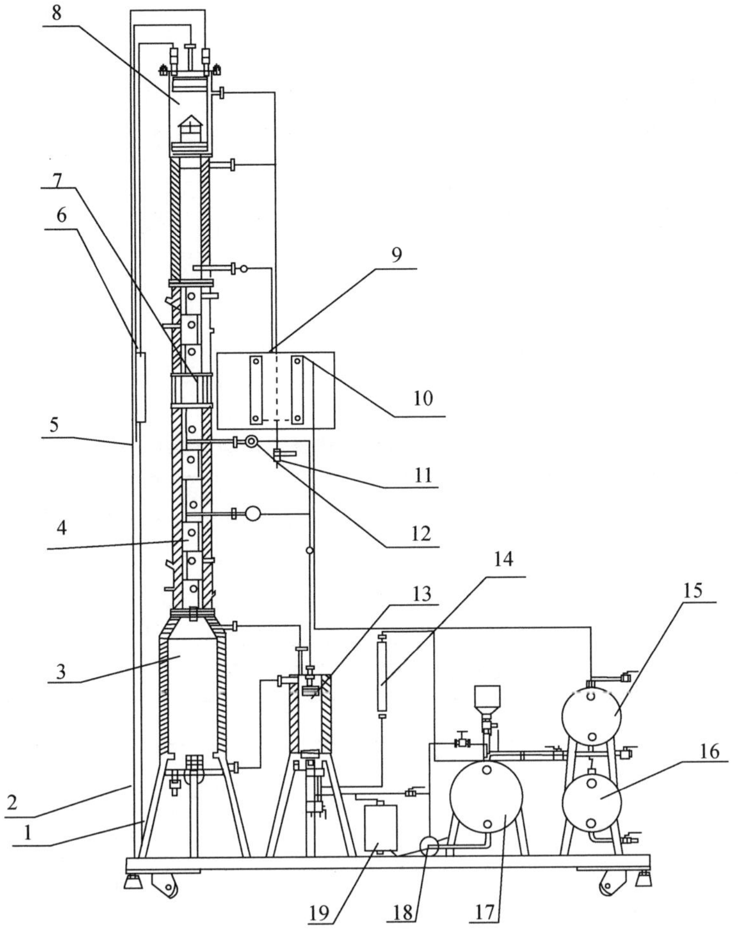

图 3-13　筛板塔精馏塔实验装置图

1—冷凝水进口；2—冷凝水出口；3—塔釜；4—塔节；5—塔顶放空阀；6—冷凝水流量计；7—玻璃视镜；8—塔顶冷凝器；9—全回流流量计；10—部分回流流量计；11—塔顶出料取样口；12—进料阀；13—换热器；14—残液流量计；15—产品罐；16—残液罐；17—原料罐；18—进料泵；19—计量泵

（4）当塔顶温度、回流量和塔釜温度稳定后，分别取塔顶浓度 x_D 和塔釜浓度 x_W，送色谱分析仪分析。

2. 部分回流

（1）在储料罐中配制一定浓度的乙醇水溶液（约 10%20%）。

（2）待塔全回流操作稳定时，打开进料阀，调节进料量至适当的流量。

（3）控制塔顶回流和出料两转子流量计，调节回流比 $R(R=14)$。

（4）打开塔釜残液流量计，调节至适当流量。

（5）当塔顶、塔内温度读数以及流量都稳定后即可取样。

3. 取样与分析

（1）进料、塔顶、塔釜从各相应的取样阀放出。

（2）塔板取样用注射器从所测定的塔板中缓缓抽出，取 1mL 左右注入事先洗净烘干的针剂瓶中，并给该瓶盖标号以免出错，各个样品尽可能同时取样。

（3）将样品进行色谱分析。

4. 注意事项

（1）塔顶放空阀一定要打开，否则容易因塔内压力过大导致危险。

（2）料液一定要加到设定液位 2/3 处方可打开加热管电源，否则塔釜液位过低会使电加热丝露出干烧致坏。

（3）如果实验中塔板温度有明显偏差，是由于所测定的温度不是气相温度，而是气液混合的温度。

五、实验报告

填写表 3-13、表 3-14。

表 3-13　塔顶、进料板、塔釜温度变化趋势表

序号	1	2	3	4	5	6	7	8
塔顶温度/℃								
进料板温度/℃								
塔釜温度/℃								

表 3-14　精馏塔取样分析表

序　　号									
塔顶/%(体积分数)									
塔釜/%(体积分数)									
G（乙醇质量）/kg	D								
	W								
G（水质量）/kg	D								
	W								
ρ/(kg/m^3)	D								
	W								
产品量/mL									
时间/min									
x_D									
x_W									

（1）将塔顶、塔底温度和组成，以及各流量计读数等原始数据列表。

（2）按全回流和部分回流分别用图解法计算理论板数。

（3）计算全塔效率和单板效率。

（4）分析并讨论实验过程中观察到的现象。

思考题

1. 测定全回流和部分回流总板效率与单板效率时各需测几个参数？取样位置在何处？

2. 全回流时测得板式塔上第 n、$n-1$ 层液相组成后，如何求得 x_n^*，部分回流时，又如何求 x_n^*？

3. 在全回流时，测得板式塔上第 n、$n-1$ 层液相组成后，能否求出第 n 层塔板上的以气相组成变化表示的单板效率？

4. 查取进料液的汽化潜热时定性温度取何值？

5. 若测得单板效率超过 100%，作何解释？

6. 试分析实验结果成功或失败的原因，提出改进意见。

7. 精馏塔实验装置由哪几个主要部分组成？试述其基本流程？

实训七　吸收操作

一、实训目的

(1) 了解填料吸收装置的基本流程及设备结构；

(2) 掌握吸收塔开、停车操作；

(3) 掌握吸收系数的测定方法；

二、基本原理

根据传质速率方程：

$$N_A = K_Y \Delta Y_m \quad 即；G = N_A F = K_Y F \Delta Y_m$$

所以，

$$K_Y = \frac{G}{F\Delta Y_m} \tag{1}$$

通过实验分别测定和计算单位时间吸收的组分量 G、气液两相接触面积 F、平均传质推动力 ΔY_m 的值，便可代入式(1)计算吸收系数的值。

1. 单位时间吸收的组分量 G(kmol/h)

$$G = V(Y_1 - Y_2) \tag{2}$$

式(2)中：V(惰性气体流量)用空气转子流量计来测定；Y_1(进塔气体组成)可通过测定进塔时氨及空气流量计算得到；Y_2(出塔气体组成)采用化学法进行尾气分析测定和计算得到。

2. 气液两相接触面积 F(m^2)

$$F = aV = a \times \frac{\pi}{4}D^2 \times z \tag{3}$$

式中　V——填料的总体积，m^3；

Z——填料层高度，m；

D——吸收塔的内径，m；

a——有效比表面积，m^2/m^3。

$$a = a_t/\eta \tag{4}$$

式中　a_t——干填料的比表面积，m^2/m^3；

η——填料的表面效率，可根据最小润湿分率查图表(参看教材)。

$$最小润湿分率 = \frac{操作的润湿率}{规定的最小润湿率} \tag{5}$$

式中，填料的最小润湿分率=0.08$m^3/m^2 \cdot h$(规定的最少润湿率)

$$操作的润湿率 = W/a_t \quad (m^3/m^2 \cdot h) \tag{6}$$

式中　W——喷淋密度，每小时每平方米塔截面上的喷淋的液体量，$m^3/m^2 \cdot h$。

$$W = \frac{V_水(水的体积流量)}{\Omega(塔截面积)} \tag{7}$$

3. 平均传质推动力 ΔY_m

本实验的吸收过程处于平衡线是直线的情况下，所以可用对数平均推动力法计算 ΔY_m。

$$\Delta Y_m = \frac{(Y_1 - Y_1^*) - (Y_2 - Y_2^*)}{\ln \dfrac{Y_1 - Y_1^*}{Y_2 - Y_2^*}} \tag{8}$$

式(8)中：

$$Y^* = \frac{mX}{1 + (1 - m)X}$$

$$m = \frac{E}{P} \tag{9}$$

P=大气压+塔顶表压+1/2 塔内压差

表 3-15 给出了液相浓度 5%以下时氨亨利系数与温度的关系。

表 3-15　液相浓度 5%以下时氨亨利系数与温度的关系

温度/℃	0	10	20	25	30	40
E/(atm)	0.239	0.502	0.778	0.947	1.250	1.938

本实验中：X_1 由公式 $L(X_1 - X_2) = V(Y_1 - Y_2)$ 计算，其中：$X_2 = 0$。

4. 转子流量计的计算公式

(1) 实验中用的空气转子流量计是以 20℃、1atm 的空气为介质来标定刻度的，如果工作介质不是该状态下的空气，可用式(10)来换算刻度指示值：

$$Q_2 = Q_1\sqrt{\frac{\rho_1}{\rho_2}} = \sqrt{\frac{P_1T_2}{P_2T_1}} \times Q_1 \tag{10}$$

(2) 如果还需要将 Q 值换算成标准状态(0℃、1atm)下的体积 Q，则代入式(11)计算：

$$Q_{20} = Q_2\frac{P_2T_0}{P_0T_2} = Q_1\frac{T_0}{P_0}\sqrt{\frac{P_1P_2}{T_1T_2}} \tag{11}$$

(3) 如果测定的是其他气体，而且是非 20℃、1atm 状态空气下则代入式(12)计算：

$$Q_{20} = Q_1\sqrt{\frac{P_1T_2\rho_{10}}{P_2T_1\rho_{20}}} \tag{12}$$

(4) 如果还需要将 Q 值换算成标准状态下的值：

$$Q_{20} = Q_1\frac{T_0}{P_0}\sqrt{\frac{P_1P_2\rho_{10}}{T_1T_2\rho_{20}}} \tag{13}$$

式中，ρ_{10}、ρ_{20} 分别表示 20℃、1atm 状态下标定气体和被测气体的密度，kg/m^3。

5. 尾气分析法计算 Y_2

(1) 以稀硫酸(0.02mol/L)为指示液，酚酞为指示液，将经计量的尾气通入装有无色的吸收液(稀硫酸和酚酞)的吸收瓶中，吸收液和尾气中的氨反应，当达到终点时，吸收液变为红色，立即关闭气体进口氨气进口阀，记录尾气进入量，并根据硫酸的浓度先将湿式气体流量计读得的空气流量换算成标准状态下的体积流量 V_0：

$$V_0 = V\frac{P_1T_0}{P_0T_1} \qquad (V\text{—— 空气流量读数}) \tag{14}$$

氨的体积：

$$V = 22.4 V_S N_S \tag{15}$$

式中　V_S——硫酸溶液的体积，mL；

N_S——硫酸溶液的摩尔浓度，mol/L。

最后：

$$Y_2 = \frac{V}{V_0} \tag{16}$$

（2）气相色谱在线分析进气、尾气组成。

三、实训装置及流程

如图 3-14 为吸收实训设备流程图。空气由风机 1 供给，阀 2 用于调节空气流量（放空法）。在气管中空气与氨（或 CO_2）混合入塔，经吸收后排出，出口处有尾气调压阀 9，这个阀在不同的流量下能自动维持一定的尾气压力，作为尾气通过分析器的推动力。

水经总阀 15 进入水过滤减压器 16，经调解器 17 及流量计 18 入塔。氨气（或 CO_2）由氨（或 CO_2）瓶 23 供给，开启氨（或 CO_2）瓶阀 24，氨（或 CO_2）气即进入自动减压阀 25 中，该阀能自动将输出氨（或 CO_2）气压力稳定在 49.0398.06kPa 范围内，氨（或 CO_2）压力表 26 指示氨（或 CO_2）瓶内部压力，而氨（或 CO_2）压力表 27 则指示减压后的压力。为了确保安全，缓冲罐上还装有安全阀 29，以保证进入实验系统的氨（或 CO_2）压不超过安全允许规定值 1.2kgf/m^2（1.18×10^6kPa），安全阀的排出口用塑料管引到室外。

为了测量塔内压力和填料层压力降，装有表压计 20 和压差计 19。此外，还有大气压力计测量大气压力。

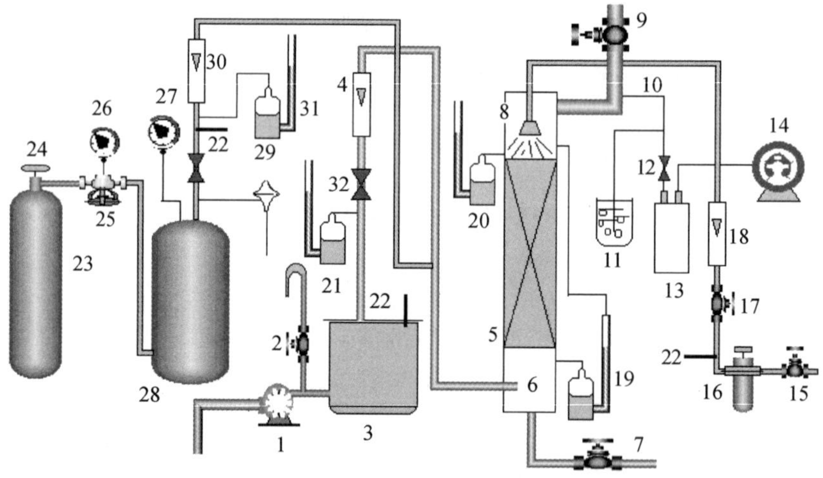

图 3-14　吸收装置流程图

1—风机；2—空气调节阀；3—油分离器；4—空气流量计；5—填料塔；6—栅板；7—排液管；8—莲蓬头；9—尾气调节阀；10—尾气取样管；11—稳压瓶；12—旋塞；13—吸收盒；14—湿式气体流量计；15—总阀；16—水过滤减压阀；17—水调节阀；18—水流量计；19—压差计；20—塔顶表压计；21—表压计；22—温度计；23—氨（或 CO_2）瓶；24—氨（或 CO_2）瓶阀；25—氨（或 CO_2）自动减压阀；26—氨（或 CO_2）压力表；27—氨（或 CO_2）压力表；28—缓冲罐；29—膜式安全阀；30—转子流量计；31—表压计；32—空气进口阀

四、实训步骤

1. 开车前准备：

（1）检查水源、电源是否处于正常供给状态。

（2）打开电源、仪表开关。

（3）检查水、空气、氨气（或 CO_2）系统是否有泄漏。

（4）检查仪表、仪器是否处于正常状态。

（5）用气相色谱分析气体浓度的要打开色谱工组站。

2. 正常开车：

（1）开水系统。开动供水系统中的滤水器时，要注意首先打开出口端阀门才慢慢打开进水阀，如果在出口端阀门关闭的情况下开进水阀，滤水器就可能超压。控制流量稳定。

（2）开动空气系统。开动时要首先全开叶氏分机的旁通阀，然后再启动叶氏风机，否则风机一开动，系统内气速突然上升可能碰坏空气转子流量计。风机启动后再用关小旁路阀的办法调节空气流量。

（3）开氨气（或 CO_2）系统。事先要弄清楚氨气自动减压阀的构造，开动时首先将自动减压阀的弹簧放松，使自动减压阀处于关闭状态，然后打开氨瓶瓶顶阀，此时自动减压阀的高压压力表应有示值。下一步先关好氨气转子流量计前的调节阀，再缓缓压紧减压阀的弹簧，使阀门打开，同时注视低压氨气压力表的示值达到0.50.8kgf/cm^2（49.3398.06kPa）时即可停止。然后用转子流量计前的调节阀调节氨气流量。

（4）稳定操作。维持塔压、塔釜液封高度基本恒定不变。

3. 传质系数的测定

（1）塔稳定后，改变空气流量，测量不同混合气进气组成时数据，见数据表3-16。

（2）尾气分析器的操作（或直接利用气相色谱分析进气、尾气浓度）。

尾气分析仪由取样管3、吸收管8、湿式气体流量计等组成，在吸收管中装入一定浓度、一定体积的稀硫酸作为吸收液并加入指示剂（甲基红），当被分析的尾气样品通过吸收管后，尾气中的氨被硫酸吸收，其余部分（空气）由湿式气体流量计计量。由于加入的硫酸数量和浓度是已知量，所以被吸收的氨量便可计算出来。湿式气体流量计所计量的空气量可以反映出尾气浓度，空气量越大表示浓度越低。

分析操作开始时先纪录湿式气体流量计的初始值，然后开启阀5让尾气通过取样管并观察吸收液的颜色（吸收管是透明的，可以看清吸收液的颜色），当吸收液刚改变颜色（由红变黄）时，表示吸收到达终点，应立即关闭阀门5，读取湿式气体流量计终示值。操作时要注意控制阀5的开度，使尾气成单个气泡连续不断进入吸收管，如果开度过大，气泡成大气团通过则吸收不完全，开度过小，则拖延分析时间。

4. 正常停车

（1）关闭氨（或 CO_2）气系统。关闭氨气（或 CO_2）系统的步骤和开动步骤相反。

（2）停水系统。

（3）停空气系统。

（4）关电源。

五、数据整理过程示例

1. 求空气流量

$Q=19m^3/h$　　$T_0=273K$　　$P_0=760mmHg$（1mgHg=133.322Pa）

$P_1=760mmHg$　　$P_2=720+24.7=744.7(mmHg)$

$T_1=273+20=293(K)$　　$T_2=273+16=289(K)$

$$Q_{10}=Q_1\frac{T_0}{P_0}\sqrt{\frac{P_1P_2}{T_1T_2}}=\frac{273}{760}\sqrt{\frac{760\times 744.7}{293\times 289}}\times 19=17.64(Nm^3/h)$$

2. 求氨气流量

$Q=0.762m^3/h$　　$T_0=273K$　　$T_1=293K$

$T_2=289K$　　$P_0=760mmHg$　　$P_1=760mmHg$

$P_2=720+13.2=733.2(mmHg)$

$\rho_{10}=1.293kg/m^3$　　$\rho_{20}=0.7810kg/m^3$

$$Q_{20}=Q_1\frac{T_0}{P_0}\sqrt{\frac{\rho_{10}P_1P_2}{\rho_{20}T_1T_2}}=\frac{273}{760}\sqrt{\frac{1.293\times 733.2\times 760}{0.781\times 289\times 293}}\times 0.762=0.903(Nm^3/h)$$

因为是98%的氨，故纯氨的量为$0.903\times0.98=0.885(Nm^3/h)$。

3. 计算 Y_1

$$Y_1=\frac{Q_{20}}{Q_{10}}=\frac{0.885}{17.64}=0.0502$$

4. 计算 Y_2

$$V=22.4V_SN_S=22.4\times 1\times 0.04391=0.9836(mL)$$

$$V_0=\frac{PV\times T_0}{P_0\times T}=\frac{720\times 273}{760\times 289}\times 1.21\times 10^3=1083(mL)$$

$$Y_2=\frac{V}{V_0}=\frac{0.9836}{1083}=0.000908$$

5. 计算 G

$$V=\frac{Q_0}{22.4}=\frac{17.64}{22.4}=0.7875(kmol/h)$$

$$G=V(Y_1-Y_2)=0.7875(0.0502-0.000908)=0.0388(kmol/h)$$

6. 计算 ΔY_m

$D=0.11m$　　$a_T=403m^2/m^3$　　$z=0.815m$

$$w=\frac{60\times 10^{-3}}{\pi/4\times 0.11^2}=6.317(m^3/m^2\cdot h)$$

操作润湿率$=w/a=6.317/403=0.0157(m^2/h)$

最小润湿率$=0.157/0.08=0.196$

查教材上填料的表面效率和最小润湿率关系图得：$\eta=0.41$

$$a=a_t\times\eta=403\times 0.41=165.23(m^2/m^3)$$

$$F=a\times\frac{\pi}{4}D^2\times z=165.23\times 0.785\times 0.11^2\times 0.815=1.279(m^2)$$

$$P_{总}=\frac{720}{760}+\frac{12+0.5\times 4.3}{1033}=0.961(atm)$$

$$m=\frac{E}{P_{总}}=\frac{0.64}{0.961}=0.666$$

15℃时：$\rho_{H_2O}=999\text{kg/m}^3$　　　　$M_{H_2O}=18$

$$L=\frac{60\times10^{-3}\times999}{18}=3.33(\text{kmol/h})$$

$$G=L(X_1-X_2)\qquad X_2=0$$

$$X_1=\frac{G+LX_2}{L}=\frac{0.0388}{3.33}=0.01165$$

$$Y_1^*=\frac{mX_1}{1+(m-1)X_1}=\frac{0.666\times0.01165}{1+(1-0.666)\times0.01165}=0.00773$$

$$Y_2^*=0$$

$$\Delta Y_m=\frac{(Y_1-Y_1^*)-(Y_2-Y_2^*)}{\ln\frac{Y_1-Y_1^*}{Y_2-Y_2^*}}=\frac{0.0502-0.00773-0.000908}{\ln\frac{0.04247}{0.000908}}=0.01081$$

7. 求 K_Y

$$K_Y=\frac{G}{F\Delta Y_m}=\frac{0.0388}{1.279\times0.01081}=2.806(\text{kmol/m}^2\cdot\text{h})$$

六、数据记录与结果处理

数据记录与结果处理见表 3-16。

混合气组成：氨(或 CO_2)、空气　　　　吸收剂：水

填料名称：　　　　规格：　　　　个数：

比表面积(m^2/m^3)：　　　　堆积形式：乱堆

填料层高度：　　　　吸收塔内径：

表 3-16　吸收系数测定数据与结果表

项目 \ 序号		例	1	2	3	4
空气	流量计示值/(m^3/h)	19.0				
	计前表压/mmHg	24.7				
	温度/℃	16.0				
氨气		0.762				
	计前表压/mmHg	13.2				
	温度/℃	16				
水	计量计示值/(m^3/h)	60×10^{-3}				
	温度/℃	15.0				
尾气	流量计示值/(m^3/h)	1.21				
	硫酸体积/mL	1				
	硫酸浓度/(mol/L)	0.04391				
	温度/℃	15.0				

续表

项目 \ 序号		例	1	2	3	4
压强	大气压/mmHg	720				
	塔顶表压/cmH_2O	12.0				
	塔内压强/cmH_2O	4.3				
吸收组分量 G/(kmol/h)		0.0388				
喷淋密度 $W/[m^3/(m^2 \cdot h)]$		6.317				
填料表面效率 η		0.41				
接触面积 F/m^2		1.279				
Y_1		0.0502				
Y_2		0.000908				
ΔY_m		0.01081				
$K_y/[kmol/(m^2 \cdot h)]$		2.806				

注：1mmHg=133.322Pa。

思考题

1. 综合以上几组的数据来看，你认为以水吸收空气中的氨气过程是气膜控制还是液膜控制？为什么？
2. 要提高氨水浓度有什么办法(不改变进气浓度)？这时又会带来什么问题？
3. 气体流速与压强降关系中有无明显的转折点？意味着什么？
4. 当气体温度与吸收剂温度不同时，应按哪个温度计算亨利系数？
5. 试分析旁路调节的重要性。
6. 试比较精馏装置与吸收装置的异同。

实训八　干燥特性曲线测定实验

一、实验目的

（1）了解洞道式干燥装置的基本结构、工艺流程和操作方法。

（2）学习测定物料在恒定干燥条件下干燥特性的实验方法。

（3）掌握根据实验干燥曲线求取干燥速率曲线以及恒速阶段干燥速率、临界含水量、平衡含水量的实验分析方法。

（4）实验研究干燥条件对于干燥过程特性的影响。

二、基本原理

在设计干燥器的尺寸或确定干燥器的生产能力时，被干燥物料在给定干燥条件下的干燥速率、临界湿含量和平衡湿含量等干燥特性数据是最基本的技术依据参数。由于实际生产中的被干燥物料的性质千变万化，因此对于大多数具体的被干燥物料而言，其干燥特性数据常常需要通过实验测定。

按干燥过程中空气状态参数是否变化，可将干燥过程分为恒定干燥条件操作和非恒定干燥条件操作两大类。若用大量空气干燥少量物料，则可以认为湿空气在干燥过程中温度、湿度均不变，再加上气流速度、与物料的接触方式不变，则称这种操作为恒定干燥条件下的干燥操作。

1. 干燥速率的定义

干燥速率的定义为单位干燥面积（提供湿分汽化的面积）、单位时间内所除去的湿分质量。即：

$$U = \frac{\mathrm{d}W}{A\mathrm{d}\tau} = -\frac{G_c \mathrm{d}X}{A\mathrm{d}\tau} \tag{1}$$

式中　U——干燥速率，又称干燥通量，kg/（m^2·s）；

A——干燥表面积，m^2；

W——汽化的湿分量，kg；

τ——干燥时间，s；

G_c——绝干物料的质量，kg；

X——物料湿含量，kg 湿分/kg 干物料，负号表示 X 随干燥时间的增加而减少。

2. 干燥速率的测定方法

将湿物料试样置于恒定空气流中进行干燥实验，随着干燥时间的延长，水分不断汽化，湿物料质量减少。若记录物料不同时间下质量 G，直到物料质量不变为止，也就是物料在该条件下达到干燥极限为止，此时留在物料中的水分就是平衡水分 X^*。再将物料烘干后称重得到绝干物料重 G_c，则物料中瞬间含水率 X 为：

$$X = \frac{G - G_c}{G_c} \tag{2}$$

计算出每一时刻的瞬间含水率 X，然后将 X 对干燥时间 τ 作图，如图 3-15，即为干燥曲线。

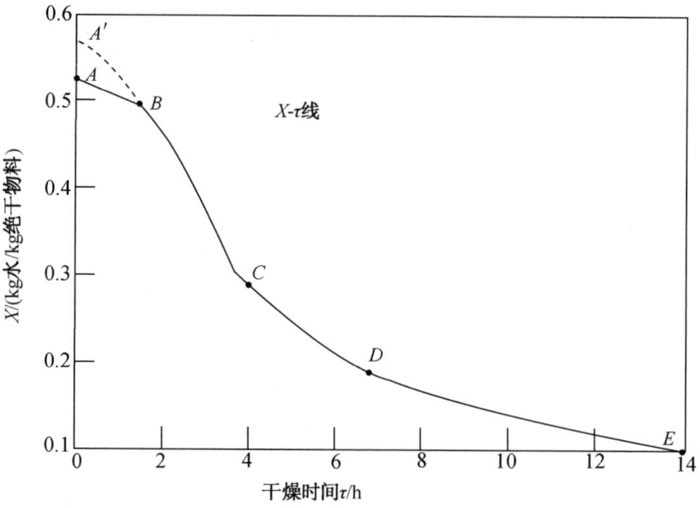

图 3-15　恒定干燥条件下的干燥曲线

上述干燥曲线还可以变换得到干燥速率曲线。由已测得的干燥曲线求出不同 X 下的斜率 $\frac{dX}{d\tau}$，再由式(1)计算得到干燥速率 U，将 U 对 X 作图，就是干燥速率曲线，如图 3-16 所示。

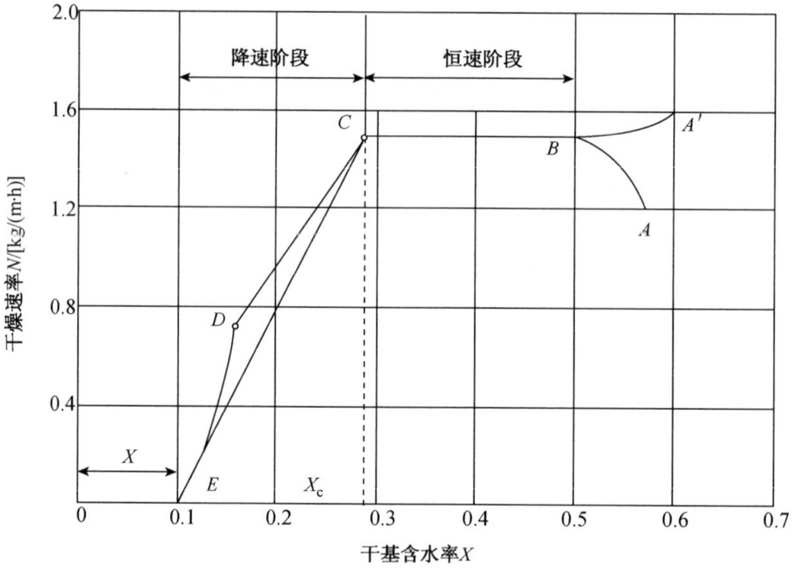

图 3-16　恒定干燥条件下的干燥速率曲线

3. 干燥过程分析

预热段：见图 3-15、图 3-16 中的 AB 段或 $A'B$ 段。物料在预热段中，含水率略有下降，温度则升至湿球温度 t_w，干燥速率可能呈上升趋势变化，也可能呈下降趋势变化。预热段经历的时间很短，通常在干燥计算中忽略不计，有些干燥过程甚至没有预热段。本实验中也没有预热段。

恒速干燥阶段：见图 3-15、图 3-16 中的 BC 段。该段物料水分不断汽化，含水率不断下降。但由于这一阶段去除的是物料表面附着的非结合水分，水分去除的机理与纯水的相同，故在恒定干燥条件下，物料表面始终保持为湿球温度 t_w，传质推动力保持不变，因而干燥速率也不变。于是，在图 3-16 中，BC 段为水平线。

只要物料表面保持足够湿润，物料的干燥过程中总有恒速阶段。而该段的干燥速率大小取决于物料表面水分的汽化速率，亦即决定于物料外部的空气干燥条件，故该阶段又称为表面汽化控制阶段。

降速干燥阶段：随着干燥过程的进行，物料内部水分移动到表面的速度赶不上表面水分的气化速率，物料表面局部出现“干区”，尽管这时物料其余表面的平衡蒸气压仍与纯水的饱和蒸气压相同、传质推动力也仍为湿度差，但以物料全部外表面计算的干燥速率因“干区”的出现而降低，此时物料中的含水率称为临界含水率，用 X_c 表示，对应图 3-16 中的 C 点，称为临界点。过 C 点以后，干燥速率逐渐降低至 D 点，C 至 D 阶段称为降速第一阶段。

干燥到点 D 时，物料全部表面都成为干区，汽化面逐渐向物料内部移动，汽化所需的热量必须通过已被干燥的固体层才能传递到汽化面；从物料中汽化的水分也必须通过这层干燥层才能传递到空气主流中。干燥速率因热量、质量传递的途径加长而下降。此外，在点 D 以后，物料中的非结合水分已被除尽。接下去所汽化的是各种形式的结合水，因而，平衡蒸气压将逐渐下降，传质推动力减小，干燥速率也随之较快降低，直至到达点 E 时，速率降为零。这一阶段称为降速第二阶段。

降速阶段干燥速率曲线的形状随物料内部的结构而异，不一定都呈现前面所述的曲线 CDE 形状。对于某些多孔性物料，可能降速两个阶段的界限不是很明显，曲线好像只有 CD 段；对于某些无孔性吸水物料，汽化只在表面进行，干燥速率取决于固体内部水分的扩散速率，故降速阶段只有类似 DE 段的曲线。

与恒速阶段相比，降速阶段从物料中除去的水分量相对少许多，但所需的干燥时间却长得多。总之，降速阶段的干燥速率取决于物料本身结构、形状和尺寸，而与干燥介质状况关系不大，故降速阶段又称物料内部迁移控制阶段。

三、实验装置

1. 装置流程

本装置流程如图 3-17 所示。空气由鼓风机送入电加热器，经加热后流入干燥室，加热干燥室料盘中的湿物料后，经排出管道通入大气中。随着干燥过程的进行，物料失去的水分量由称重传感器转化为电信号，并由智能数显仪表记录下来(或通过固定间隔时间，读取该时刻的湿物料质量)。

2. 主要设备及仪器

(1) 鼓风机：BYF7122，370W；

(2) 电加热器：额定功率 4.5kW；

(3) 干燥室：180mm×180mm×1250mm；

(4) 干燥物料：湿毛毡或湿砂；

(5) 称重传感器：CZ500 型，0~300g。

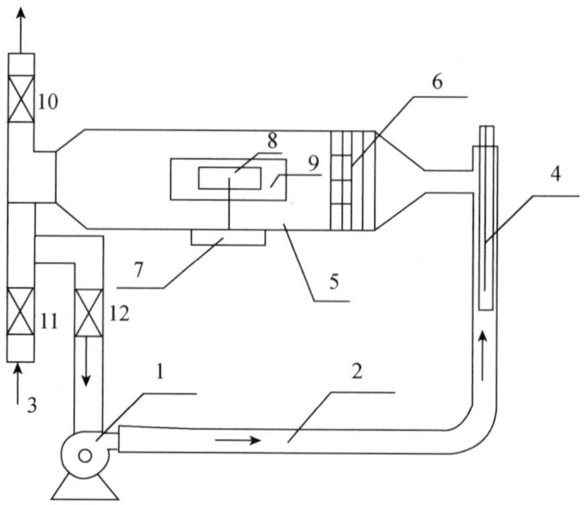

图 3-17　干燥装置流程图

1—风机；2—管道；3—进风口；4—加热器；
5—厢式干燥器；6—气流均布器；7—称重传感器；8—湿毛毡；
9—玻璃视镜门；10、11、12—蝶阀

四、实验步骤与注意事项

1. 实验步骤

（1）放置托盘，开启总电源，开启风机电源。

（2）打开仪表电源开关，加热器通电加热，旋转加热按钮至适当加热电压(根据实验室温和实验讲解时间长短)。在 U 形湿漏斗中加入一定水量，并关注干球温度，干燥室温度(干球温度)要求达到恒定温度(例如 70℃)。

（3）将毛毡加入一定量的水并使其润湿均匀，注意水量不能过多或过少。

（4）当干燥室温度恒定在 70℃时，将湿毛毡十分小心地放置于称重传感器上。放置毛毡时应特别注意不能用力下压，因称重传感器的测量上限仅为 300g，用力过大容易损坏称重传感器。

（5）记录时间和脱水量，每分钟记录一次质量数据；每 2min 记录一次干球温度和湿球温度。

（6）待毛毡恒重时，即为实验终了时，关闭仪表电源，注意保护称重传感器，非常小心地取下毛毡。

（7）关闭风机，切断总电源，清理实验设备。

2. 注意事项

（1）必须先开风机，后开加热器，否则加热管可能会被烧坏。

（2）特别注意传感器的负荷量仅为 300g，放取毛毡时必须十分小心，绝对不能下压，以免损坏称重传感器。

（3）实验过程中，不要拍打、碰扣装置面板，以免引起料盘晃动，影响结果。

五、实验报告

（1）绘制干燥曲线(失水量-时间关系曲线)；

（2）根据干燥曲线作干燥速率曲线；

(3) 读取物料的临界湿含量；

(4) 对实验结果进行分析讨论。

思考题

1. 什么是恒定干燥条件？本实验装置中采用了哪些措施来保持干燥过程在恒定干燥条件下进行？

2. 控制恒速干燥阶段速率的因素是什么？控制降速干燥阶段干燥速率的因素又是什么？

3. 为什么要先启动风机，再启动加热器？实验过程中干、湿球温度计是否变化？为什么？如何判断实验已经结束？

4. 若加大热空气流量，干燥速率曲线有何变化？恒速干燥速率、临界湿含量又如何变化？为什么？

参考文献

1 谭天恩等.化工原理.北京:化学工业出版社,2006.
2 陈敏恒等.化工原理.天津:化学工业出版社,2003.
3 姚玉英等.化工原理.天津:天津大学出版社,2001.
4 陆美娟等.化工原理.北京:化学工业出版社,2006.
5 李薇等.流体输送与传热技术.北京:化学工业出版社,2009.
6 张立新等.传质分离技术.北京:化学工业出版社,2009.
7 史贤林,田恒水,张平.化工原理实验.上海:华东理工大学出版社,2005.
8 吴重光.化工仿真实习指南.北京:化学工业出版社,2009.
9 陈群.化工仿真操作实训.北京:化学工业出版社,2006.
10 杨百梅.化工仿真.北京:化学工业出版社,2004.
11 王雅琼,许文林.化工原理实验.北京:化学工业出版社,2005.